李家同

# 為台灣加油打氣

## Taiwan, we should be proud

### 台灣值得我們驕傲

台灣有很多優秀的工程師與
值得我們引以為傲的科技技術
可是卻未被社會大眾所重視
身為台灣人的我們需要對台灣有信心
一起為台灣加油打氣

李家同 著

# 推薦序一

吳誠文（清華大學副校長）

李家同教授長期關注台灣的教育、弱勢族群、經濟發展等重大社會議題，其中工業競爭力大概是除了教育以外他花最多時間關注的領域。過去十幾年來他不斷呼籲大家重視工業基礎技術，獲得許多迴響，也受到政府、產業界及學術界的重視與認同。在李教授積極奔走下，行政院通過了「深耕工業基礎技術」的產業技術發展政策，經濟部與科技部（前國科會）也因此配合編列預算，鼓勵並補助工研院、大學及產業界執行相關的工業基礎技術精益求精的深耕計畫。爲了讓大家這股熱情能長久持續下去，他特別選定了工業基礎技術中極爲重要的精密技術，號召全國相關領域的學者專家成立了「台灣精密工程學會」，期使精密技術的學術研究與人才培育工作能成爲一種文化，長久發展並普及全國各地。不但如此，他還不厭其煩的發掘與親訪國內各個產業中致力於深耕基礎技術的公司，並親自執筆，在本書中一一介紹這些公司鮮爲人知的重要技術與成就，大大增強了大家的信心。他的擇善固執的精神與毅力實在是無人能出其右，令人感動與佩服。

當然李教授也不是只有令人感動與佩服的精神與毅力而已，他文筆精練而平易近人，早已是多產的暢銷作家，粉絲從十歲以下到百歲以上，各行各業各階層都有，可以說是家喻戶曉的名人，因此他寫的文章與他說的話總是會得到大家的關注。他還有一點令我極端佩服而一般人可能不十分清楚的特殊處，就是他是一個專業學問高深的大學者，雖已退休，至今仍在清華大學教授「類比電路設計」（幾年前還曾經開過「無線通訊」與「生物資訊」這種我根本不敢碰的課），並從事艱深的計算機演算法分析與設計的研究。他不熟悉的項目總是不恥下問，追根究底。由於他極度聰明，學習能力超強，各項困難的技術他很容易就掌握了原理精髓，所以本書涵蓋如此廣泛的技術範疇，每一項他都能娓娓道來，如數家珍，實在是精彩萬分。我雖然是電機工程系的教授，對於任教於資訊工程系的李教授所談的各項電子電機領域的技術也只能自嘆弗如及表達我的感動與佩服，畢竟他所擁有的上述這些能力與人格特質，舉世絕無僅有，後生小輩的我也難望其項背，僅能學一點皮毛而已。

希望我這樣簡單的說明可以讓讀者們多少了解一點這本書背後的偉大使命與艱辛過程，進而支持這位不做第二人想的作者，在各自的崗位一起努力，朝完成這項偉大使命的方向大步前進。

# 推薦序二

宋震國（清華大學動力機械系教授）

本書作者苦思我國產業發展困境，發現機械設備與關鍵零組件大都具生命週期長的特徵，此與生命週期短的消費性產品的技術發展歷程大不相同，我國工業基礎技術落後實爲主因。因此，除了向政府力陳工業基礎技術之重要性外，並遍訪台灣產業界的典範案例，將艱澀的光機電與材料技術以深入淺出的方式向國人介紹，期能表彰堅持技術研發的廠商，並向努力不懈的工程師致敬。書中介紹精密機電產品，從速度高達每秒鐘五公尺，定位誤差十奈米（一奈米是十億分之一米）的半導體曝光機用超精密定位平台、高解析度雷射印表機、震動極小的LED檢測機，以至切削光學鏡片的單晶鑽石刀具。這些廠商及他們的工程師，以十年磨一劍的精神，長期深耕工業基礎技術研發，方能築起高牆，將競爭者遠遠拋在牆外，這也使得他們與德、日廠商一樣長期享有高附加價值。

# 推薦序三

唐傳義（靜宜大學校長）

心心念念台灣教育、社會問題，對弱勢孩童未來競爭力的付出更是不遺餘力，社會大眾對李家同老師的肯定已無需多言。許多人喜歡他對教育問題的直言不諱，喜歡他對時事趨勢的率眞評論，喜歡他關心台灣未來的熱情。

「爲台灣加油打氣」是他自始至今不曾間斷的付出，而本書所關注的是台灣工業的發展議題。李家同老師以所擅長的淺白文字，以及簡單易懂的敘事方式，幫助人們理解重要的科技發展及智慧化趨勢，且以工程知識爲基礎，結合產業實務，分析台灣當今工業科技及系統整合之現況並提出建言。對企業領導人、管理者等相關人員來說，都極具參考價值；對讀者而言，更是認識現今產業發展的入門書。

李家同老師十分重視細節，認爲基礎教育扎實完整，未來的學習都會有穩固的發展。記得他爲了訓練我們的邏輯思考，不斷反覆要求我們繪製、修正流程圖，藉此強化我們的規劃能力。而本書的出版，便是他對台灣科技產業費心建立的基礎知識，以增進產業人才的前瞻思考，並藉此呼籲政府、社會關注工業發展議題，重新找回台灣的世界競爭力，再創科技新紀元。

從基礎教育、菁英人才培育到工業科技等問題，本書分享對產業環境的觀察，也分享對台灣工業創新技術及應用的未來可能性。非常高興李家同老師懷抱對台灣的關心持續寫作出版，本人誠摯推薦本書給您，並期待你我爲台灣產業共盡心力，爲台灣社會帶來美好未來。

# 推薦序四

張所鋐（工業技術研究院副院長、國立台灣大學特聘教授）

精密工程是可以用來研究工業技術的精密程度，愈高精密的工程技術，它的門檻愈高，困難度愈高，短時間別人是不容易抄襲成功的，當然它的技術價值也是愈高的，我們常說德國、日本、美國、瑞士的機器好，價值高，也是因爲她們的機器有很高的精密程度。

台灣的經濟奇蹟，曾經出口很多工具機到美國，但是機器核心零件卻是日本製造的，換句話說，我們出口越多，其實買了更多的日本零件，因爲當時我們精密工程技術水準還不夠，做不出高精密度的零件。當然這樣的情況，由於台灣科技的進步，也逐年減少使用日本零件的數量了，也有很多例子，台灣做的比日本更好，日本只好放棄不做，反而向我們買了。

台灣有一號稱大肚山下方圓六十公里的精密機械聚落，隱藏著一千多家精密機械的大小廠，德國、義大利的汽車零件，用的是這裡出產的機器，美國、德國、韓國的齒輪也來自這裡，而影響力最大的，是有近一半iPhone的手機的製程，要靠這裡的機器，而且全球找不到第二個能彌補這個缺口的地方。

所以過去全球能做到這樣精密度的，只有德、日、瑞士，現在台灣廠商也做到了，不但如此，更優越的是，這群體聚落的效率與力量更超越了德國日本，既分工又合作，彈性快速應變及客製化之能力，也分散了市場風險，充分發揮了上中下游群聚效應，每歷經一次iPhone挑戰的洗禮，就提升了更高一級的競爭力。

李家同教授是一位國寶級的教授，擔任過多所大學的校長，也是現任總統府資政，曾得到許多獎項的肯定，不但在學術上有傑出的成就，他非常重視人文關懷、關心弱勢族群、也關心我們的社會與國家。他常常以易於了解、流暢優美、關懷的文字，在報章、網路上發表很多的文章，並已經著有幾十本暢銷的書籍，深受大家的喜愛。

李教授深深的認為一定要加強我國的精密工程，而且要先從工業基礎技術著手，稱爲要有十年磨一劍的精神，持續不斷地精進提高工程技術的精密度，從技術上的紮根來提高我國的精密工程水準、提高我國際上的競爭力。

於二〇一五年成立的台灣精密工程學會，可以說是由李教授所催生的。我們看到精密工程程度很高的國家，譬如日本八十三年前就成立日本精密工程學會，美國有美國精密工程學會，歐洲有歐洲精密工程與奈米學會，亞洲有亞洲精密工程學會，韓國也有。由李教授親自推動學會的成立，可以見證李教授對精密工程的重視。

這本書是李教授嘗試不同風格的書，題材也是他所關心的我國科技競爭力，他看到國內常常報導負面的消息，難免影響年輕人對未來發展的信心，因此他親自花了很多時間，去實地考察產業界，與工程師仔細討論技術問題，他充分了解後，以簡單易懂又流暢的文字，完成本書，其實要將艱難的科技內容，讓一般民眾了解及有感，是一件相當不容易的事。爲了容易說明，本書內有李教授設計繪製的圖，這可能是與其他李教授的書很不一樣的地方。更重要的是，李教授要藉著介紹這些傑出的科技，鼓勵工程師，也激勵年輕人對我們的國家要有信心，不必怕大陸。

可以爲本書寫推薦序，是我的光榮，這本書對我國產業科技競爭力的敘述，具有特殊的意義，也呼籲大家、特別是一般大眾，這是一本少見的、非常值得閱讀的書。

# 推薦序五

萬其超（清華大學化工系退休教授）

本人有幸與本書作者李家同教授在清華大學共事逾四十年，很高興看到他又寫一本新書，尤其這一本的內容與他過去著作有很大差異。這本書貢獻給這些年來為我國製造業技術開發埋頭努力的所有工作者。本書牽涉的項目極多，但是作者卻能對每一項技術進行相當深的資料蒐集，然後找出精髓，以深入淺出的方式整理出來，所以這本書也可以看成是一本非常少見的科普作品。科技的內容，一般人只會

「專」，很少人能做到「博」，這又是本書和其作者不平凡的地方。

我希望讀者看完後，會對台灣更見希望，對技術人員更加一份尊敬。

自序

# 台灣值得我們驕傲

李家同

我們大家都有一個共識，那就是經濟要好。可是如何搞好經濟呢？大家似乎有不同的想法，有人認為只要國家政府少管事，經濟就一定會好。也有人認為只要設立一個經濟自由區，經濟也就會好。可是我總認為，如果我們看世界上經濟好的國家都有一個共同特色，那就是他們的工業是相當不錯的。他們的工業產品可以銷售到全世界，而且附加價值特別高。我們可以想像的到一個國家有這樣的工業當然會使整個國家增加財富，可是不僅如此，工業發達會造成服務業的繁榮，比方說，運輸業會跟著發達。很多非常高級的工廠裡面必須非常乾淨，因此清潔公司也就會應運而生，這些辦公大樓裡面也往往需要漂亮的盆栽，園藝業也就跟著起來。

我們有的時候看到一家先進國家的大公司，比方說，歐洲的空中巴士和美國的波音公司，我們一定要知道這兩家公司並不能夠製造噴射客機內部所有零件的，他們當然要向小公司購買。所以國家有了這種大公司，也一定會有相當多的小公司。汽車工業也是如此。我們可以想見的是，如果這些先進國家沒有這一類的公司，他們的經濟一定會衰退地非常嚴重。

當然有人會說我們就靠服務業算了，對於台灣目前的國情來說，依靠服務業是絕對不夠的。我們很難有非常好的金融事業，新加坡和香港之所以有這種事業，完全因爲它們曾是英國殖民地的原因。我們也很難有非常好的觀光業，因爲畢竟我們的古蹟和風景並不夠厲害。不要忘了，希臘就是一個很好的例子，它們非常依靠觀光業，但是現在是歐洲的負擔。

我本人過去一直擔心的是我們的工業產品不夠高級，所以我們雖然有不錯的輸出紀錄，但是我們的利潤是不夠高的。因此，我寫了一些文章，希望我國的工業水準能夠更上一層樓。有一次，我在一篇文章中提到我們國家沒有電子顯微鏡，事後就有人寫信告訴我，我們其實已經快要有電子顯微鏡了。從此以後，我就陸陸續續地發現我們國家的工業水準已經相當不錯了。

在過去，政府也不是不重視工業水準，我們有一個名詞叫做高科技產業，但是所謂高科技，當年就是像電子這種使人耳目一新的產業，比方說半導體產業一直被認爲是科技產業。生物科技的產業也當然是被列爲高科技產業的。就以電子產業來講，我們要設計非常有附加價值的積體電路，我們就必須會設計非常高級的電路。而設計電路並不是大家所重視的，因爲大家總認爲大學電機系學生都會設計電路的，其實要設計高頻的線路是相當地困難，設計電路是非常基本的，我們羨慕先進國家有非常高級的電子產品，但是我們往往忽略了一件事，這些國家的電路設計技術都是相當好的。

半導體工業一直被認爲是高科技工業，問題來了，我們國家會不會製造非常精密的半導體儀器？有一架半導體儀器價格高達三十億台幣，如果我們能夠做這種儀器，那多麼好。可是要做出這種精密的儀器，首先要能夠製造非常精密的零組件，而且我們也要能夠設計非常精密的機械。比方說，我們要使一個零組件飛快地移動，但是在短時間內又要煞車，可是停的位置必須非常準確，因爲失之毫釐，差之千里。這表示我們要能夠設計好的控制系統，而這種設計控制系統的技術其實是相當基本的，在過去並沒有受到大家的重視。

任何精密的儀器當然多多少少會有一些震動，但是好的儀器，它的震動一定是相當細微的，所以我們的工程師一定也要能夠知道如何能夠避免震動。

值得我們大家感到驕傲的是，政府了解了工業基本技術的重要性，也就是說，我們不該奢談所謂的高科技。要有任何高級工業產品，就必須要先有最基本的工業技術。所以我們的政府就開始了一個工業基礎技術的計畫，這個計畫當然可想而知是要發展很多的基本技術，這是我們國家歷史上的第一次，恐怕也是全世界各個政府少有的作法，因爲這是完全往下扎根的作法。

舉例來說，這個計劃中有一個項目叫作混合分散，如果化學品裡面的顆粒大小不一，或者顆粒會成坨而沉澱，都是不行的。要做到化學品內的混合非常均勻，不是一件容易的事，但這卻又不是從前政府所重視的事。値得我們高興的是，現在政府對這些基礎的技術是有興趣的，也會支持這一種研究。在很多年前我們國家的導電粒子一公斤只賣到二百元台幣，現在可以賣到一公斤三百萬元。可見得投資在基礎技術上，是相當有意義的。更加重要的是，如果我們沒有在基礎技術上下功夫，我們是不可能有任何高價值的工業產品的。

我們國家也成立了一個精密工程學會，我也是會員，因爲這個學會的緣故，使我知道我們國家已經往精密工程的方向前進。比方說，我們可以造出價值一億台幣的儀器，我們有可以耐三萬六千伏特高壓的絕緣體，我們也有能測量$10^{-15}$安培的電流。很多年前我在台大電機系畢業典禮上演講，希望我們國家能夠造出高規格的示波器，現在我們也成功了。我們有能力製造CPU，我們的機械零組件也越來越精密，我們的控制系統可以將一個物體在高速下移動，但是又可以在短時間內煞車而保證所停的位置是相當準確的。

最近有一個很奇怪的現象，那就是很多媒體會大肆渲染中國大陸的進步，而往往一字不提我們的進步。如果我們的工業是講產能的大小，那我想我們絕對比不上大陸的，可是我們國家已經有相當多的工程師在埋頭苦幹中，他們培養了很多關鍵性的技術，這些技術都有高門檻，不是別人可以在短期內學會的。也就是說，我們國家已經有相當多的公司所做出來的產品是不可能有山寨版的。

很多人很害怕中國大陸，我們不妨看看瑞士這個小國家，我們很少看到瑞士的公司是從事大規模生產的，它們的共同特色只有一個，擁有非常高級的關鍵性技術。中國大陸的崛起絲毫不能影響到瑞士，我們常常看到一些價值非常高的工具機，都是來自瑞士的。台灣也應該要往這個方向走，唯有如此，我們的產品才可能有競爭力。

我們對自己國家一定要有信心，很多人不太知道我們國家在工業上進步的情形，所以我寫這本書就是希望大家了解，我們沒有什麼好擔心的。如果眞的要擔心，那就是朝野對工業有沒有眞正的關心，有沒有好的策略？我們學工的人都感覺到中國大陸以及南韓，都有很明顯的工業策略，比方說，它們的政府都相當重視在儀器方面的研究發展，如果我們國家沒有這樣好的策略，我們的工業界只好自求多福，這當然是一件不幸的事。

我寫這本書的時候，力求淺顯易懂，我希望很多高中職的學生可以至少一知半解地看這本書。說實話，我們的確要憂心，我們的年輕人對工業技術的興趣並不是很大。很多教授認爲，如果我們讓學生知道一些非常好的工業產品是如何製造的，那也許我們的年輕人會對工業越來越有興趣。我希望我的書能夠在這一點上有所貢獻。

如果看了這本書，至少會有一個印象，那就是好的技術是來之不易的。我們如果能夠設計出非常特別的類比電路，就一定是因為很多工程師在類比電路上下了多年的苦功。類比電路工程師需要長時間的磨練，絕不可能在一棵大樹下頓悟的。我們要設計一個複雜的儀器，也需要長時間的經驗累積。我這本書裡面所介紹的一個線切割機就是一個很好的例子，這些工程師日以繼夜地在這個技術上下苦功，才能做出這種非常精密的機器。所以我也希望大家了解，我們不能盼望有一家公司能夠在非常短的時間內造出非常精密的工業產品，這是絕對不可能的事。唯有下苦功，做往下扎根的事，才能使得我們的工業技術往上提升。

有些先進國家之所以能夠有非常精密的工業產品，乃是因爲他們的科技發展已經有很長的時間。很多大公司都有一百年以上的歷史，有的甚至於有長達一百六十年的歷史。而我國的工業眞正強調研發的，最多只有三十年的功夫，也沒有大量來自政府的補助。但是我們的工業在世界上仍然是有地位的。這種成就來之不易，我們應該大聲地說，台灣值得我們驕傲。

但是我們絕對不能自滿，我個人仍然有以下的願望：

1. 朝野能夠重視工業，總應該知道，如果當年我們國家沒有孫運璿和李國鼎，我們可能仍然是一個農業國家。我們的經濟絕對與我們的工業水準是有密切關係的。
2. 我們應該往精密工業的方向前進，因爲如果我們的工業仍然需要大批的人力，恐怕很難和大陸，甚至於越南競爭。

3. 要有精密工業，我們一定要有自己的關鍵性技術。這有如烘培師有自己的麵團。

4. 要有關鍵性技術，絕對要往下扎根，從根本做起，不能完全借助外國的技術。

5. 要發展非常有競爭力的關鍵性技術，不可能在短期內完成，政府與投資者都要有耐心。

6. 政府目前是重視基本技術的，希望這種重視是長久的。

7. 我們應該鼓勵工業界生產工業性的產品，而不必過分重視消費型產品。也就是說，我們的產品最好是被工業界採用的。

8. 大家都要了解，如果我們不能發展精密工業，我們未來的經濟一定會有嚴重的問題。

9. 我們不必害怕任何國家對我們的威脅，我們應該以瑞士爲我們的榜樣。瑞士並沒有大量生產汽車或者手機。但是他們的精密機械卻一直是工業界的佼佼者。

10. 國人要知道，我們的工業已經脫胎換骨，我們能夠很有把握地說，我們已經有很不錯的精密工業。如果朝野都重視工業，我們的精密工業一定會更上一層樓。

# 目次

## 財團法人博幼社會福利基金會　信用卡捐款

**這一代的種子，是下一代的花，邀請您一起守護弱勢孩童，灌溉未來的希望**

§§ 本人願意定期定額扣款（□月　□季　□半年　□年）

（定期捐款者，若停止捐款請來電告知）

捐款新台幣　□ 500 元　□ 1000 元　□ 1500 元

□其他，新台幣________元整

定期定額自________年____月____日　起扣款

§§ 本人願意單次捐款，認捐課輔教材費

（含英語、數學、閱讀教材）：

□ 500 元，一位孩子一學期課輔教材費用

□ 1500 元，一位孩子一整年課輔教材費用

（含兩學期、暑假）

□其他，新台幣________元整

（線上信用卡捐款

§ 信用卡資料（本文所有資料僅作申報用）

捐款人（持卡人）姓名：____________　身分證字號：____________

信用卡別：

□ VISA CARD

□ MASTER CARD

□聯合信用卡

信用卡號：________-________-________-________

發卡銀行：____________　信用卡有效期限：（西元）20____年____月

持卡人簽名：____________　________年____月____日

□不需開立收據　□按月寄送　□年度匯總一次寄送（建議選擇此項）

收據抬頭：□與持卡人相同　□另外開立，

收據抬頭姓名：____________　收據抬頭身分證字號：____________

收據寄發地址：□□□－□□ _____縣 / 市_____鄉 / 鎮 / 市 / 區

_____村 / 里_____街 / 路_____段_____巷_____弄_____號_____樓_____室

聯絡電話：____________　E-mail add.：____________

若有任何問題請洽財團法人博幼社會福利基金會

捐款諮詢專線：049-2915055 #103 或 E-mail：bo.yo@ecp.boyo.org.tw　傳真號碼：(049)2915033

# 1

# 設計型工業——台灣新希望

在台灣，有許多人非常擔心工業大批外移，原因無非是大陸和很多國家的勞工工資比我們便宜，我們稱之爲工業空洞現象。這個現象大概是不可能扭轉的，唯一解決的方法是工業轉型，使勞力密集的工業轉換成腦力密集的工業。也就是說，不能再完全依靠大規模生產的工業，而必須要有一個有自己技術的工業。

值得欣慰且驕傲的是，台灣已經有一些新型的工業，我認爲可以將這種工業稱之爲設計型工業，有別於過去的生產型工業。我們近幾十年來一直有的積體電路設計工業，完全是腦力密集的工業，因爲主要是靠工程師設計各種形式的積體電路。而且，最令人高興的是，機械方面的設計型工業也已經蓬勃發展。

工具機工業就是典型的設計型工業，當然他們也生產工具機，但是這些工具機工廠的賣點不僅僅是他們的生產技術，而是在於他們有自己設計的能力。工具機的核心元件是控制器，而這種控制器設計的技術也在日漸成長之中。

我有一次去一家生產刀具的公司參觀，這家刀具公司並不是買了一些外國的機器，照人家給的藍圖製造出刀具，他們是自己設計這些刀具的。最令我欽佩的是，他們自己設計了一架檢驗的機器，這架檢驗的機器用了光學和影像處理的技術。這架機器的設計工程師，年齡都非常輕，但是一看就知道他們懂得非常多。

有一家公司所設計的一部機器，賣價是一億元。這種價格顯示我們國家的設計型工業已經有了很大的進步。這家公司也是在設計各種檢驗設備，檢驗設備通常需要機械設計、電路設計、光學、數學和影像處理等等的知識和技術。我在另一家公司發現他們所設計的一架機器可以將一大片電容切成小塊，每一塊的尺寸是0.6mm、0.3mm、0.3mm，這架機器可以在一秒鐘切割成一千片小塊電容。

在化工方面，我也注意到我們的進步是相當不容易的。舉一個例子來說，鋰電池的體積相當小，兩極有時會在某種情況之下互相接觸，一旦接觸就會引起短路，最可怕的是，這種短路會引起火災。試想，你的手機忽然燒起來，豈不是大災難？我國最近發展出一種技術，這種技術可以在必要的時候，鋰電池內會忽然有一層銅牆鐵壁，完全隔離鋰電池的兩極，使它們絕對不會互相接觸，也就不可能發生短路了。

我還是要說，我發現這些對轉型有極大貢獻的工程師都相當年輕，也使我對他們欽佩不已。我們該欣慰國家有這麼多不錯的工程師，更該給他們更多的支持和鼓勵。我尤其希望政府能有政策，使年輕工程師的學問和技術愈來愈好，以確保國家工業的進步。

# 2

# 台灣無製造工廠的積體電路設計工業

積體電路（IC）除了製造以外，還有一個重要的環節就是設計。據我所知，我國的積體電路設計公司，上市上櫃的就有兩百家之多，在全世界，這是少有的。有些設計公司有他自己的製造工廠，如英特爾以及三星。因爲製造工廠是相當貴的，也有一些積體電路設計公司是委託別人製造的，最有名的就是Qualcomm（高通）。每一年有雜誌會公布全世界二十五家最大的無製造工廠的積體電路設計公司，以二〇一三年爲例，全球前二十五家無製造工廠的積體電路設計公司分布於美國、台灣、新加坡、中國、日本和歐洲。其中，美國一共有十四家，台灣有五家，中國和歐洲各有二家，新加坡和日本則各有一家。我國的五家分別是聯發科、聯詠、晨星、瑞昱和奇景，全部的銷售額是八十八億美金，平均全台灣每一個人在前五名的生產毛額是三百六十元美金。這當然是遠遠超過了中國大陸的兩家公司（二十四億美金），他們的人均是遠遠落後於我們。

以上所講的僅僅是我國前五大公司，當然我們還有很多沒有列名的公司，他們也都有相當不錯的業績。所以，整體來說，我國的半導體工業在這一方面是表現得很不錯的。但是，我們也必須要知道，如果我們的積體電路設計公司沒有製造工廠，有的時候比較不太能夠設計出非常特別的積體電路，這是吃虧的地方。我認爲政府也許可以設法解決這個問題。

特別需要注意的是，中國大陸的積體電路設計進步得非常快，我們也應該要有一些特別的策略，比方說，如果我們能夠設計非常高規格的積體電路，用在汽車業、航空業或者高級音響及特殊儀器等等。

如此，就一定可以保持領先。總而言之，我們必須要保持警覺，不能有任何懈怠。

最後，據我所知，今年（二〇一五年）我們在這一方面的銷售量又增加了，這總是值得我們大家感到高興的。

# 3

# 只想執政，哪個黨注意工業發展？

最近如果打開報紙來看，或者看電視，一定會得到一個結論，那就是我國全體人民似乎只注意一件事，那就是究竟要由哪一個政黨執政。不論你屬於哪一黨，都會認爲這件事乃是國家最重要的事。其實，如果仔細看看他們的政見，也會發現，兩黨的政見差異是在減少之中，而不是在擴大之中。所以對於哪一個政黨執政，應該不必如此緊張。

但是，值得全國人民關心的是，如何改善經濟。要改善經濟，當然希望在服務業和工業方面都有大幅度的進步。可是，誰都知道，要靠服務業來提升經濟是相當困難的，靠工業比較容易。以中國大陸爲例，自從改革開放以後，他們在工業上的進步，可以用驚人的速度來形容，這也使得他們的經濟得以改善，使得他們對自己的國家有相當程度的信心。

再舉一個例子，歐洲有一個小國，根據財經雜誌的報導，列支敦士登，人口只有三萬七千人，面積只有三分之二個台北市，可是平均每人出口值高達十萬美元左右，是全世界第二，而我們的出口值只有一萬三千美元。值得一提的是，列支敦士登是一個工業國家，出口都是工業產品，產品都是少量生產的精密機械，比方說光學產品、假牙、高眞空幫浦、電熱器、電子顯微鏡、電子測量儀器等等。

我很希望全國人民，尤其是政黨領袖們，能夠知道兩點：

1. 如果我們在工業技術上做大量而適當的投資，其結果絕對有助於經濟的成長。

## 2. 如果我們仍然對於工業的問題毫無興趣，經濟絕對不可能成長。

我們要知道，我們現在國家人民之所以生活得不錯，完全是因爲我們已經由農業社會變成了一個工業國家。我們必須要感謝孫運璿和李國鼎先生的功勞，在那個時代，朝野上下好像對工業的發展有極大的興趣，國家引進半導體技術，同時發展積體電路設計的技術，推廣使用電腦以及發展自動化技術等等。可是事隔多年，朝野上下對於工業好像看不出有任何的政策；比方說，報紙的社論以及電視上的談話性節目，也從來沒有討論過這一類的問題。

可是，中國大陸正好相反，我們不停地收到訊息說，中國大陸不僅在半導體製造技術上很注意，也一直著重發展半導體產業所需要的儀器。如果有一天我們的半導體工廠用了很多中國大陸所設計製造的儀器，那就眞的笑不出來了。如果要被迫使用中國大陸所發展的電腦作業系統，我們也不會開心。最嚴重的，恐怕是當我們無法避免使用大陸的通訊系統時，這才是國家的一大危機。

爲了國家的經濟發展以及國家安全，我衷心建議，不要再注意哪一個政黨執政，而要注意哪一個政黨能夠在工業技術的提升方面，有好的想法。到目前爲止，我幾乎可以說，兩個主要的政黨都沒有任何的想法，更不要說好的想法了。

# 4

# 混合與分散技術

幾年前，我的好友萬其超教授每天跟我講有一個化工技術是非常重要的，那就是混合與分散。我就認爲這有什麼稀奇，每天喝牛奶，如果用奶粉沖泡的牛奶，就一定要把它攪拌一下，有的時候再加一點可可粉，在我看來，這不就是混合與分散嗎？因爲總要使得可可粉在牛奶裡很均勻分布，所以我當時並不覺得老萬教授講的東西有多重要。

可是我最近和一個人談起一件事，他說我們的面板要能導電，面板上一定要塗一層金屬的物質，所用的金屬是銀，可是銀的比重是很大的，所以極有可能銀會沉澱在面板上，這樣就不好了。據我所知，他們要加一點別的物質進去，使得銀顆粒不會靠得太近，如此就比較不會沉澱。這當然是混合，可是單靠混合也不夠，因爲一定要分散得非常均勻。而要做到分散得非常均勻，不是容易的事。越均勻，價值越高。

現在經過我們工程師的努力，已經可以用在微小化的RFID（無線射頻辨識）以及touch panel，過去四萬元/公斤，現在十萬元/公斤。

我也因此而了解了混合與分散技術是如何地重要。大家要知道，在經濟部所推動的工業基礎技術發展計劃中，混合與分散乃是一個重要的項目。這種技術並不是很耀眼的技術，與雲端無關，也與大數據無關，乃是一個非常基本的技術。雖然基本，要做得非常好，絕非易事。可是掌握了這種最基本的技術，乃是非常重要的事，工業升級就是要靠這種非常高超的基本技術。政府不再成天沉迷於耀眼的技術，而鼓勵工程師在基礎技術上做研究，這是相當有意義的事。

# 5

# 液靜壓軸承

很少人知道國人在工業技術上所做的努力以及他們的成就，我們的電視節目幾乎從來不提這一類的新聞。電視新聞會大談特談什麼新栞的發明，可是從來沒有人提國人在工業技術上有什麼突破。

機械中常有零件移動的問題，零件的移動會造成摩擦，而軸承就是減少摩擦的一種零件。通常我所知道的軸承就是鋼珠，所以在英文上，軸承也常被稱爲ball bearing。但是鋼珠其實也還是會造成一些摩擦的，所以國內有人在最近做出一種「液靜壓軸承」，他們不再用鋼珠了，而是用一種油料。這種技術在全世界算是相當先進的，我們應該感到高興而且驕傲我國的工程師能有這種成就。

要做到液體的軸承，最重要的是要有流體力學的模型和模擬器，當然也要有精密加工的技術。這次新軸承所需要的精密加工是微米級的加工。

在過去，這種研究是很少受到重視的，因爲這不是非常耀眼的技術，可是這是非常基礎的技術。很多人以爲先進國家之所以能夠做出非常精密的機械，都是因爲他們的工程師會創新，而忽略了他們的工程師握有最關鍵的基礎技術。我國的工業界現在也知道這一點，他們在努力地建立非常良好的基本工業技術，有了這一種技術，我們國家才可能有極端精密的機械。

大家應該替我們的國家高興，因爲我們有不少人在腳踏實地地做事。而且都相當年輕，我們老人只能做一個旁觀者了。但是我們老人應該替我們的年輕工程師加油打氣，全國人民也應該爲他們感到高興。

# 6

# 一家特用化學品公司

我們通常對化學工業的看法都存留在石化工業上，其實化學工業的技術是用在很多工業上的。以半導體爲例，製造半導體都一直在執行各種化學的加工。機械工業也離不開化學的處理。值得國人知道的是，化學工業有一種產品叫做特用化學品，大家如果到化工系或者藥學系的實驗室去看看，就會看到各式各樣的化學品。每一種化學品都有它特殊的功能，酒精就是最常見的一種特用化學品。

我現在介紹一家台灣的特用化學品公司，這家公司全部的員工只有七十位，可是他們的營業額接近五千萬美金，也就是說，他們的營業額接近十五億台幣，每一位員工平均所生產的營業額是兩千萬台幣。單單這一個成就，就代表他們是一個有高技術的公司。

我在這裡舉一些例子來說明他們的產品：

1. 通過美國NSF食品接觸認證的潤滑油及可以和食品直接接觸的可塑劑：很多非常高級的食品公司，會規範其生產食品的機器所使用的潤滑油、以及員工在製作食品時所配戴手套中包含的可塑劑，都需通過嚴格的食品接觸法規認證，這家公司替他們做出的這些潤滑油及可塑劑，是可以和食品直接接觸的。

2. 我們都知道化妝品非常昂貴，化妝品裡面當然含有化學成分，如果他們要用某一種油，他們一定會強調這種油絕對不可以有任何味道。究竟有沒有味道，是由一位專家聞了以後決定的。這家公司可以提供很多這種特殊的油給化妝品公司，當然這些油都是沒有味道的。

3. 爲解決地球暖化問題，我們下一代的空調會用新的環保冷媒，但是新的空調系統內仍然要用潤滑油，所以這家公司會製作可以配合下一代冷媒使用的潤滑油。

以上這些例子告訴我們，這家公司的化學品都是非常特殊的，不是給一般消費者所採用的，而是供應一些大公司。這些大公司往往不願意花太多時間和經費來製作這種非常特殊的化學品，因此這家公司規模雖然不大，但是卻有相當好的研發能力。這種研發能力使得他們能夠發展出符合客戶要求的特用化學品。

據我所知，這家公司的關鍵性技術至少有兩個，①先進的合成及後處理純化技術，②自行開發多套熱力學的電腦模擬軟體。這些模擬軟體所包含的範圍甚廣，不但可以使他們精確預測複雜的化學反應及組成，也可以模擬空調壓縮機中冷媒和潤滑油的交互作用情形，進而了解該產品應用的範圍，也讓他們容易用數據說服客戶開始試用。

這家公司告訴我，他們認爲台灣大學生的程度是夠好的，其他的環境如水電等等的設施以及價格，也都相當合理。這家公司與股票無關，沒有任何上市的意願，也不需要上市，大部分的員工都是股東。不難想見他們員工的福利是相當不錯的。

如果國內有許多這種公司，對我們國家是一個好事。瑞士以及很多北歐的小國，往往沒有太大的工廠，比方說，瑞士就沒有什麼汽車工業，可是瑞士可以製造出相當多高性能的機械和零件，當然也一直可以生產非常高級的特用化學品。我們國家也在往這個方向走，這家公司的產品並不太能夠為大眾所了解，而只有專家才能了解。成功的原因只有一個，他們是注重研究的。我們國家一定要鼓勵大家投資在這種完全以研發為主的公司，大家當然也應該感到高興，因為我們已經開始了。

# 7

# 台灣的長距離無線通訊

長距離通訊一定要有一個好的發射器，也一定要有一個好的接收器。很多人都以爲發射器比較不容易做，接收器沒有什麼了不起，但是其實接收器也是很難設計的。我現在舉一個例子，假設我們要從金門太武山傳送訊號到台灣來，除了可以用海底電纜以外，也可以使用無線通訊。現在我們已可以從金門太武山將訊號傳送到台中市和平區的小雪山，全長距離是二百六十七公里，且傳輸頻寬高達450Mbps以上，傳輸可靠度更是高於百分之九十九．九，這已是世界紀錄了。這個長距離無線通訊完全是國人設計完成的。主要的問題在於小雪山的高度是三千公尺，因爲高度很高，訊號所通過的空氣密度只有平地的一半，一旦空氣密度有了大變化，訊號就會有明顯的折射現象，因爲這個折射現象，無線電波就可能到達不了接收機的天線。而且這個折射現象，隨著早晚、四季溫差的改變或下雨的因素，也隨時在變化，要解決這個問題是相當複雜的。

除了這個例子以外，從大金門到小金門也是利用無線通訊的，可是訊號可能會碰到海面又反射回去。我們可以想像到的是，接收器所收到的，不只有一個訊號，而是好幾個訊號。

大家應該感到驕傲的是，我們國家的電信工程師已有能力解決這個問題。我國工程師的能力顯然是相當不錯的。

通訊對我們國家而言，乃是相當重要的，這牽涉到我們的國家安全，現代化的國防科技也絕對需要好的通訊技術。希望國人對於這些默默替國家做事的工程師給予掌聲和鼓勵，也希望政府能夠更加重視通訊工業。

# 8

# 利用電漿技術製造不沾水的玻璃

我們的汽車都裝有雨刷，如果汽車玻璃是不沾水的，雨水一滴上去就不會黏住，而會滑走，那就不用雨刷了。因此，我們當然希望有這種不沾水的玻璃。值得高興的是，我們已經有這種技術可以製造出這種玻璃。

普通的玻璃上如果有一滴水滴上去，就會四處擴散。如果一滴水滴在一片蠟上，水滴仍然是一滴，留在蠟上，不會擴散。所以所謂不沾水的玻璃乃是塗了一層透明蠟的玻璃，問題是如何將這層透明的蠟塗上去。我們所用的技術是所謂的電漿（plasma）技術。

所謂電漿，乃是一種離子化的氣體，這種離子化的氣體整體而言是電中性的，可是裡面有不少帶電的粒子，有的帶正電，有的帶負電。電漿的特色是作用如同催化劑，所以可以使很多需要高溫的化學變化變得可以在低溫下得以進行。利用電漿的特點，我們的工程師可以將一層非常透明的物質塗到玻璃上，這種物質含有氟。各位都知道有一種不沾油的鍋子，所塗上的就是鐵氟龍。因此我們就得到了這種不沾水的玻璃。

值得驕傲的是，這家公司所用的儀器與設備都是自己開發，自己做的，因爲國外也買不到，也因此得過美國的全球百大科技獎，以及華爾街日報科技創新獎二次，這是相當不容易的事，也顯示了我們國家工程師對於物理、機械、電機和化學都有不錯的研究。

最後，要告訴各位，這個研究長達七年才成功。由此可見，我們有的時候是不能夠要求工程師在短期內就要做出偉大的產品。

# 9

# 台灣有比較高級的示波器

我曾經在台大的畢業典禮上致詞，我說五十年前我在台大電機系唸書的時候，當時用的就是外國的示波器，沒有想到現在仍然還在用外國的示波器，所以我鼓勵大家製造出自己的示波器來。

事後，經濟部的工業基礎技術計劃就將這個高級示波器列為一個發展目標。令我感到非常高興的是，我們現在已經有了一架相當高級的示波器。

我們國家在過去也有國產的示波器，但是所能夠處理的訊號有限。一個訊號有可能在一秒鐘之內只變化一次，也可能在一秒鐘之內變化十億次。在過去，我們的示波器所能處理的頻率是不夠高的，現在的示波器所能處理的頻率是一秒鐘變化十億次。在過去，我們示波器裡面的重要積體電路是可以在坊間買得到的，如果要將頻率提高到一秒鐘十億次，坊間沒有這種積體電路。外國的設備廠商都會設計這種線路，但他們不賣這種線路，只給自己的設備使用，所以經濟部決定要自行研發這種積體電路。在我們很多優秀工程師的努力之下，終於做出了一架我國從來沒有的示波器，其重要的關鍵性零組件，就是那顆能夠處理高頻訊號的積體電路。

從這件事情可以看出，我們的工業要往上提升，必須要往下扎根。也許我們可以講一個簡單的例子，那就是放大器的作用。我們要得到一個低頻的放大器是比較簡單的，很多人都會做。可是放大器在高頻的時候，它的放大作用就非常微弱，所以工程師的任務就是要做很多的努力，使得放大器即使在高頻的時候仍然有很好的放大作用。這不是一件簡單的事，需要很多的學識，也需要很多的經驗。如果沒有很實在的功夫，高頻的線路是做不出來的。

如果高頻的線路做不出來，我們所能製造的電子設備就不夠厲害了。國外已經有設備可以處理一秒鐘變化兩百三十億次的訊號，要達到這個境界，我們需要更大的努力。不過，也希望大家替我們國家高興，雖然我們仍然比不上一些先進國家，但是最近的進步實在是不容易的。我們應該要感激工程師的努力，而且也要知道我們工程師的技術水準已經相當不錯了，世界上能夠做出這種示波器的國家是不多的。

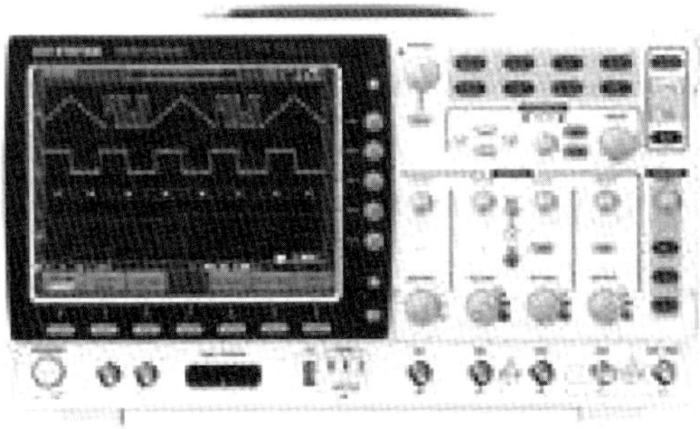

我的願望已經達成了，但是我也希望在我的有生之年能夠看到我們自己有能力做出可以處理一秒鐘變化兩百三十億次訊號的示波器。

爲了要讓各位對於示波器有一點感覺，附上示波器的照片。我無法將照片放大，很抱歉。

# 10

# 台灣已有電子顯微鏡

我曾經寫過一篇文章說我們國家很可惜沒有電子顯微鏡，幾年以後，我們國家有一個相當不錯的電子顯微鏡。

電子顯微鏡的原理非常簡單，我們將一個很細的電子束打在一個物體上，電子會反射，然後將反射的電子蒐集以後就會成像。有些物質會使得反射很強，有些物質會使反射很弱。如果一個物體傾斜，反射也會比較弱，因爲反射的電子會四散。

要產生電子束必須要有電子槍，電子光源是一個非常小的鎢絲，這個鎢絲的粗細是四十微米，所謂一個微米就是百萬分之一米。鎢絲後面接到一個一千五百伏特的高電壓，然後我們利用電子光學，也就是磁場的控制，使得電子束的直徑只有十奈米，所謂一個奈米就是十億分之一米。這一個十奈米的電子束當然會打在物體的一個部位，然後再移動電子束各七奈米，這架電子顯微鏡曝光一百萬個點就大功告成了。

這個電子顯微鏡需要一個非常高級的焊接技術，因為鎢絲只有十微米，所以焊接極有學問，所用的是大電流焊接，電子槍絕緣的陶瓷焊接也非常特殊。要將電子束控制在十奈米之內，要用磁場來控制。要將電子束移動七奈米，也是用磁場控制。這些控制系統都是我們自己設計，當然設計的工程師是要懂電磁學的。

大部分光學顯微鏡的放大率是三百倍，這架電子顯微鏡的放大率是二萬倍，不是世界上最偉大的電子顯微鏡。有最高級的電子顯微鏡，它的放大率高達一百萬倍。在台灣，也有外國賣給我們的電子顯微鏡，它的掃瞄系統可以只移動一・六奈米，這種電子顯微鏡可以想見它的控制系統更加卓越。

要做出這架電子顯微鏡並不是靠什麼創新，而是要有非常紮實的基本工夫。這個年頭我們電機系的學生中眞正懂得電磁學的人，恐怕越來越少了。懂得實際利用電磁學的，更是少之又少。我們也很少人談論焊接，總認爲焊接不是一個了不起的學問，但是以這個精密儀器而言，焊接成了一個關鍵性技術，焊接的技術不好，絕對做不出如此精密的儀器。

幸虧我們國家有一批不好高騖遠的工程師，肯腳踏實地地做事。可以想見他們在整個研發過程中遭遇多少困難，可是也都一一克服了。大家應該鼓勵這些努力的工程師，也希望他們能夠繼續努力來製造出下一個更加精密的電子顯微鏡。

還有一點也是值得我們知道的，那就是這個電子顯微鏡還可以拍影片，也就是說，一個能夠動的小東西可以放在這個電子顯微鏡裡讓我們檢視，然後以影片的方式呈現。

給各位看一張用電子顯微鏡所照的相片，這張照片放大了五千倍，乃是蒼蠅的複眼，看上去好可怕，不知道蒼蠅爲什麼要有這麼多眼睛。

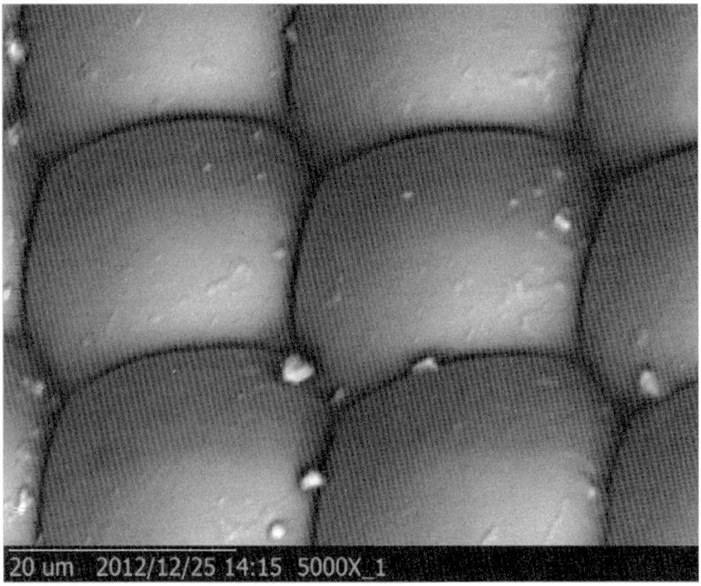
20 um 2012/12/25 14:15 5000X_1

# 11

# 台灣應該推廣梅子醬與客家桔醬

我曾經在多年前寫文章提倡食用梅子醬，當時幾乎買不到梅子醬，只有到南投鄉下有些小店才能買到，而且都沒有漂亮的包裝。現在常常有人送我梅子醬，且都包裝得很好，可是大的食品業者仍然沒有推出梅子醬。至於客家桔醬，我在幾年前發現了，對於我來講，這已經是家裡不可缺少的佐料。現在我來說明一下我是如何使用這兩種醬的。

1. 涼拌用。涼拌番茄或者是小黃瓜，除了其他的佐料以外，加上梅子醬和桔醬都是非常好的。兩者都有一點酸味，也有一點甜味。

2. 取代沙拉醬。我發現有些西方人所使用的沙拉醬雖然好吃，可是裡面的成分中有奶油。我有過心臟毛病，當然不敢吃這種沙拉醬，我相信梅子醬和桔醬裡絕對沒有奶油，用來做沙拉醬很健康。

3. 加入紅茶。俄羅斯人喝紅茶時是不放糖的，會做果醬來代替糖。我發現桔醬和梅子醬都可以放到紅茶裡。

4. 放入咖啡。有人送我榛果糖漿，放入咖啡以後，對我而言，的確是相當好喝。最近我換了用客家桔醬，同樣喜歡。我發現有一種非常昂貴的巧克力粉，就註明有橘子味道。我也知道有一種橙橘咖啡，可見我用桔醬也是很好的。

最後一點，我覺得食品業者應該做出含有客家桔醬的咖啡，這是台灣獨有的口味，至少我會去買。

總而言之，我覺得我們不要永遠跟隨外國的腳步，應該有自己的吃法。這當然是我個人喜歡的吃法，別人不見得一定喜歡，所以不喜歡的人也沒有關係。

# 12

# 雷射刻印機

我們有的時候會看到廣告是用壓克力板做的，廣告上的字是刻出來的，有的時候我也拿到壓克力製的紀念牌，上面的字刻得很優美。我最近知道我們國家有自己發展出來的雷射刻印機，可以在木板、壓克力板和玻璃板上雕刻字和圖形。

雕刻是用雷射完成的，雷射有燒熱的能力，可以在一塊板子上刻一條線。這架機器在一吋內必須使用雷射打四千個點，它所移動的速度是一秒鐘一百吋，所以可以在一秒鐘內發射雷射四十萬次。可是它所用的雷射有所限制，所以現在是一秒鐘內發射雷射十萬次。

可以想見的是，要做好這架機器必須要有非常好的電子控制系統，而且機構必須穩定。值得我們高興的是，這個控制系統是國人自己發展的。這架機器唯二自外國進口的零件是雷射和鏡片，其他所有的零件全部是在台灣訂做。整架機器的設計也是由國人自己設計。

這種機器要能夠商業化，最困難的是要能夠不需經常的維護，因爲賣到外國去以後，經銷商和使用者的距離往往很遠，如果這架機器經常出毛病，經銷商會疲於奔命，時間久了也就沒有人願意代銷這種機器了。

有趣的是，在英國有一些高中老師，他們自己寫了一個繪圖軟體，當然世界上有很多的繪圖軟體，可是這個繪圖軟體比較容易使用，不能算是電腦輔助設計的軟體，可是至少可以讓高中孩子利用這些軟體畫圖。後來這些老師發現有了這些軟體，如果再利用我國所生產的這種刻印機，就可以讓高中以及高職的學生們刻製各種玩意兒。台灣的這家公司當初就寫了一個驅動程式，使得任何人可以利用任何繪圖軟體來驅動這架刻印機，所以英國的那些老師們在英國推廣這個設備。據我所知，英國大概有超過三百所高中職學校使用了我們台灣的機器。他們也有很好的教材，一共有二十堂課，可以讓孩子使用他們自己的繪圖軟體和台灣的雷射刻印機。

我們應該知道英國不僅僅是會寫小說的國家，英國人顯然還是相當重視科技普及化的。

我們還是希望國家的這種工業能夠更上一層樓，這不是一件簡單的事，因爲更精密的儀器往往都是大廠所推出的，要和大廠競爭，除了技術以外，還有很多問題，比方說財務的問題，大廠可以殺價，也比方說品牌的問題。但是如果我們給予這些努力工作的工程師更多的鼓勵和關懷，相信他們也會慢慢地往更精密的境界前進。

# 13

# 灑銀子的技術

我們常常說不要亂灑銀子，其實在科技方面也有同樣的問題，因爲銀可以導電，我們很多的先進電子產品中的導線，其實是用銀做的。我們通常會在一條細線上鋪上銀，這條線就成了可以通電流的線了。

銀通常是以一種液狀膠質的形態出現，也就是說，工業界是將銀膠塗在這條線上。在過去，我們這種銀膠都要進口。爲什麼呢？因爲銀的比重很大，如果處理得不好，銀會互相勾結，顆粒就會越變越大，每一個顆粒的重量也會越來越大，久而久之，這些顆粒就會沉澱下來，使得原來的膠分離成兩層，上面的一層稀如水，下面則是密集的銀。這樣的銀膠是不能使用的，因爲將這種銀膠塗成線以後，這條線上的銀是不均勻的，我們甚至可以想像得到，有的地方根本沒有銀，這對於導電來講，是相當嚴重的問題。

值得高興的是，我們的工程師解決了這種問題。他們主要是在銀膠裡加入了分散劑，這種分散劑使得銀與銀之間不太會互相勾結，也就是說，銀不會結成坨狀。但是分散劑弄得不好的話，會使得銀與銀之間的距離太大，所以我們要保證銀與銀之間的空隙維持在十奈米以下，一奈米等於十億分之一米，十奈米就等於一億分之一米。也就是說，如果銀粒子和銀粒子之間有很小的距離，導電上不會有問題，因爲電子可以從一個銀粒子跳到另一個銀粒子。

這種技術的發展使得我們國家在導線方面進入高級的境界。我們要知道這也是所謂化工技術中的混合分散技術，一般人不覺得這是什麼了不起的技術，因爲我們每天在家裡用奶粉沖牛奶，也是混合分散。如果混合分散做得不好的話，產品是會有問題的，所以我們應該感激工程師的努力，使得銀膠不再沉澱，而且作爲塗料的時候又非常均勻。這就是一種所謂基礎的技術，工程師重視基礎的技術是完全正確的，値得我們大家高興，也應該給他們鼓勵。

# 14

# 台灣的工業電腦產業

我們大多數人都只知道個人用電腦，很少人知道所謂的工業用電腦。顧名思義，就可以知道工業電腦是用在工業（產業）上的，一個很容易懂的例子就是用在工廠的生產線上。現代化的工廠當然會有很多的儀器和設備，這些設備中往往都需要透過電腦來進行操控，這種電腦當然會有特別的需求，比方說，工廠的機台會有震動的現象，或者產生高溫，工業電腦所處環境不同於一般人使用環境，其可靠度和耐受度也是完全不同的。

再舉一個例子，我們的交通工具中也需要很多的電腦，這種電腦又有更嚴苛的需求，那就是絕對不能當機。試想，假如我們的高鐵在高速進行中，電腦忽然當機，後果當然是不堪設想。現在長途飛行的飛機，飛行員其實是完全依靠自動導航系統的，所謂自動導航系統的運作也仰賴工業電腦，我們也不能讓這個電腦出問題。

最後就是所謂的軍用電腦，軍用電腦的規格就更加嚴格了，我們可以想見的是，不論什麼溫度、什麼溼度，都不能當機。在沙漠中，這個電腦也還是要能夠工作。炸彈在附近爆發，電腦掉到了地上，也希望它能夠繼續工作，因此需要更強固的設計並且通過軍事等級規範。

所以我們可以看出工業用電腦的規格是不一樣的，比方說，有的工業用電腦使用溫度範圍是-20℃～70℃，有的甚至嚴格到-40℃～85℃，在這些高溫環境下必須達到無風扇設計更是不容易。此外，在重力的部分可以忍受50Gs的震動，普通人是可以受得了1Gs的震動，50Gs是很難想像的事。要達到這些高規格的要求，我們必須有相當好的工業技術。

工業用電腦的另一要求是我們必須對客戶需求有相當的認識，比方說，這架電腦是用來蒐集很多資料，可以想見的是，這架電腦會和很多儀器相連結。雖然工業界已經盡力規範標準的輸入輸出的界面，但很多設備有其特別的輸出入界面，工業電腦公司就必須爲它們客製輸出入界面。也許大家會問，這種改裝值不值得？其實是值得的，因爲以後那家公司大概只會來向我們買，否則的話，他們又要花費很大的力氣和別的工程師解釋這些界面問題。

從上面的敘述，我們可以想見許多工業用電腦是客製化的電腦，也就是所謂替客戶量身訂做的電腦。但是大家必須要知道，一家厲害的工業用電腦公司，不能只會完全徹頭徹尾替一個客戶訂製一個電腦，他一定有相當多種類的標準化產品，當他知道某一個客戶的需求以後，他會找到現有的標準電腦，利用這個標準電腦來改裝客製化，如此成本就不會太高。

客製化的好處是長尾效應，因爲客戶一旦上鉤就跑不掉了，他們都會繼續地和我們來往，只要我們的產品品質非常好，合乎他們的需求，他們發現和我們來往可以節省很多的時間和精力。就以某一個設備的輸出入規格而言，要解釋給另外一家公司聽，是相當划不來的事。所以工業電腦產量不多，但是客戶願意付出較高的價格來獲取穩定可靠的產品以及長期合作的夥伴，因此我相信他們的利潤是相對較高的，這也是利基型產業的特色之一。

我們國家的工業電腦產業是相當好的，據我所知，我們的工業用電腦幾乎占了全世界產量的三分之一以上，這是值得我們高興，也是我們應該知道的事。工業用電腦的產業有相當高的進入門檻，要進入這一個產業相當不容易，台灣是電腦王國而且願意投資人才和設備在這個產業，使得我們的電腦工業能夠維持在一定的水準之上。別的國家要趕上我們，不是一件簡單的事。

# 15

# 台灣工程師有在成長嗎？

我們國家工程師的確不少，可是有時候我們也會發現一件事，那就是外國有相當多的著名工程師，比方說，當初設計米格機的人，叫做米高楊和格羅維基，他們設計的戰鬥機因此就叫做米格機。還有一位設計俄國重型轟炸機的人叫做Tupolev，俄國現在很多重型轟炸機的名稱都是由Tu開頭，例如Tu180等等。再如電機方面，有好幾個線路都是用當初發明人的名字來表示對他們的尊敬。有一個線路叫做Gilbert Cell，就是爲了表示對Gilbert的敬重。

從這些例子可以看出，在外國很多工程師的地位相當高。可是我們好像沒有這種非常有名的工程師，這究竟是怎麼一回事呢？可以想見，這些著名工程師的成就都不是在大學念書時就已經有了，幾乎都是在職場上經由不斷地磨練，學問越來越好，所以工程師的成長是相當重要的。

我們國家現在很多高薪的工程師，工作從早上九點一直到晚上十一點，大家都以此為傲，其實這裡面有一個嚴重問題，那就是這些工程師是沒有時間學習新學問的。我們幾乎可以說他們沒有在學問上成長，這是相當危險的事。

一個好的工程師必須廣度要夠，不要說設計重型轟炸機，就以設計一個檢驗儀器來說，總負責的工程師必須知道電路設計、機械設計、光學以及軟體。沒有一個人在大學時就精通這些學問的，所以大學畢業以後，他在某一家公司工作，就一定要慢慢地吸收很多新的知識，使他的廣度夠。

但有一點更麻煩，那就是工程師的深度也要夠。大多數的工學院學生在學期間所學的東西多少都有一知半解的現象，這是無可厚非的事。可是我們國家的工業越來越需要特別的學問，比方說，半導體工程師不能只會操作儀器，最好能夠徹底懂得半導體科學，而這個過程也只能在職場上完成。

所以，不論是擴展寬度或者加重深度，工程師都必須在職場上有所成長。如果每天工作到晚上十一點，我是非常擔心的，因爲他不太可能有時間吸收新知識，也沒有時間使自己的學問深度加深。對工程師而言，這種情況對他是不利的，因爲他到了中年就發現自己在某些事情上雖然有一些經驗，可是那些技術有可能已經不太重要了，對新的技術卻又完全茫然。公司覺得這種工程師薪水高，技術有一點落伍，還不如去找一位薪水低而剛從學校畢業的學生，因爲這個學生在校所學的知識極有可能是比較新的。比方說，也許他學了很多新的程式語言，而那些年紀大的工程師可能毫無所知。也許學生知道很多電機方面新的知識，可是這些年紀大的工程師並不知道。

對公司來講，這是一大損失，這些年紀大的工程師是極有經驗的，換了一批小毛頭來做事，他們雖然知道一些新的知識，可是毫無經驗，我就不相信這些小毛頭能夠設計一架重型轟炸機。

所以不論對於工程師或公司，工程師都不可以太忙。好的公司一定要鼓勵工程師在職場上繼續成長。我在美國一家電子公司做事的時候，我的上司就強迫我到一所大學的夜間部念書。我當時去念的是量子力學，相當難的課。上司說，如果我不去念就不能加薪。很希望我們的工程師有這種機會能夠不斷地吸收新知識，也將舊知識的根基打得非常好。工業界必須知道，我們需要有經驗而學問又好的工程師。

# 16

# 台灣在控制器上的成就

請看下頁兩張圖片，不論圖一或者圖二的零件，當然都不是手工做出來的，而是由工具機做出來的。問題是，工具機也不是由手工操作的，工具機接受一些來自使用者的指令，這個使用者的指令其實是形容他所要做的零件形狀和規格。工具機必須非常聰明，當他知道了這些資料以後，就能夠很巧妙地製造出這些零件來，當然一定要符合使用者的規格。

工具機如何會有這個能力呢？這是因爲工具機有一個重要的部分，叫做控制器。控制器的輸入包括使用者關於零件的形狀和加工程序的規格資訊，如此而已。控制器要能夠將這些所輸入的資料轉換成一連串對馬達的指令，而這個馬達又再使得工具機的刀具有所行動。有時刀具向前，有時刀具向後，有時刀具伸入一個零件的洞，然後

圖一　腳踏車花鼓

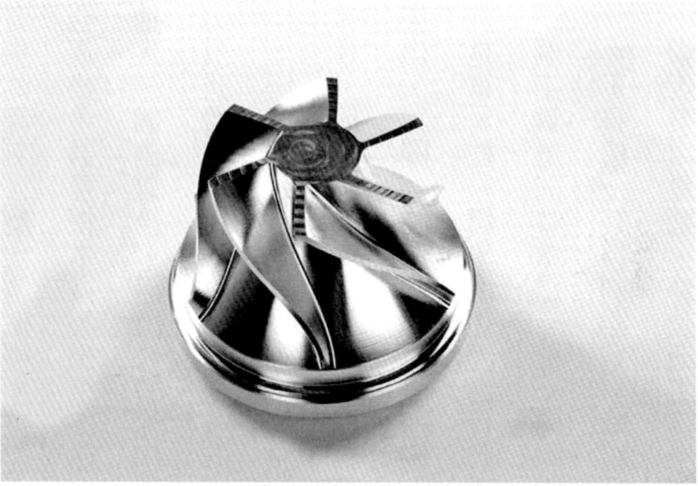

圖二　渦輪葉片

又要很順利地退出，而絕對不能傷害到這個洞的邊緣。

可想而知的是，這個控制器主要的靈魂是一個軟體，這個軟體有點像是一個編譯器，能夠將使用者的輸入轉換成對馬達的指令。但這個轉換是相當不容易的，如果沒有深厚的機械學理論基礎和對工具機的深刻了解，這個轉換可能會錯誤百出。不僅做出來的零件不符合規格，甚至根本做不出來。比方說，當工具機將一根很細長的刀具插入一個洞以後，退出來的程序如果不對，可以想見的是，此細長的刀具也會壞掉，而零件有很多的表面會受損。

一般說來，工具機有兩大類，車床和銑床。汽車的傳動軸和螺絲等等，都可以用車床製出，螺旋槳的葉片和很多的模具就要用銑床來製出。以圖一的形狀來看，在過去需要三個不同的設備才能完成，分別是車、銑、鑽，現在因爲我們國家已經有比較好的控制器，可以有一個工具機同時做這三種不同的工作。

工具機及其控制器是一個相當不容易製造的機器，控制器其實是一架工業用電腦。要製造工具機必須要有控制理論的學問，尤其是馬達控制，當然也要對軟體很在行，也要會設計電路。最後，工程師必須懂得工具機，因爲現在工具機的精密度都要求在一微米，所以控制命令需精細到〇・一微米。一個微米等於一百萬分之一米，〇・一微米就是一千萬分之一米。唯有如此，我們才能夠做出精密的零組件。

直到現在，日本的Fanuc公司是世界上最大的控制器公司，市占率是百分之六十五。這家公司大概有五千個員工，百分之三十的員工從事研發。三十年來，據估計，每年的研發經費是四十億台幣。很多人都說日本之所以有這麼厲害的控制器公司，乃是因爲日本有非常堅強的基礎技術，再加上企業主非常重視研究發展，所以他們的控制器越做越好。

我們國家最近在控制器方面也有相當不錯的進展，當然距離

Fanuc的成就還有很大的距離。可是在過去，我們國家沒有控制器能夠做出像圖二這樣的渦輪葉片，這完全是因爲我們已經有不少的工程師對於馬達控制有相當的經驗。我國的工具機產業也一直在進步之中，再加上我國機械工程師在理論和實作上都很有能力。尤其值得慶幸的是，政府現在非常鼓勵這種很基礎的研發工作，我們可以試想，假如我們的控制器必須要向外國購買，不僅工具機會很貴，而且大概也很難有非常特殊功能的工具機。所以大家總要知道，我們國家是在進步之中，也希望大家能夠給全國所有做控制器的工程師們一些掌聲。

# 17

# 台灣值得引以爲傲的CPU公司

我們都知道電腦裡面最重要的靈魂就是CPU（中央處理機），比方說，要將一個資料從某一個記憶體中拿出來，這個指令就是由CPU發出的。要將兩個數加起來，這個指令也是由CPU執行的。世界上最有名的CPU公司就是英特爾（Intel），可是我們要知道，現在CPU不僅僅用在電腦裡頭，幾乎可以說很多晶片（IC）中都有一個CPU。這個CPU是所謂嵌入式，藏在晶片裡面的。它的功能乃是在幫助晶片，使得它可以做很多奇妙的事情。

最容易懂的就是我們的手機裡頭一定有CPU，這個CPU處理很多與通訊有關的事情，如果沒有這個CPU，那麼我們的通訊就要完全依靠電子電路，這是相當困難的事，而且如果我們要改變通訊的規則，事情就鬧大了，因爲要重新設計那些複雜的線路。有了CPU，通訊工程師可以改變軟體，這就容易得多了。所以我們可以看到所有的手機公司，內部都有相當多的軟體工程師。

除了手機以外，很多的電子系統裡面都會用CPU，這些CPU都不是單獨以晶片的形式出現，而是藏在另外一個晶片裡面，所以這些電子系統是不能用英特爾所製造的CPU，而必須向一些CPU公司買一個所謂的智慧財產權（IP：Intellectual Property）。這是什麼呢？有一個方法來解釋，不知道大家看不看得懂，我們可以想像得到每一個住戶都會需要洗手間，就有人專門設計洗手間，因此建築師可以向洗手間設計公司購買洗手間的設計藍圖，然後加到自己的設計藍圖中，建築師所設計的房屋就有洗手間了。

這類公司叫做CPU IP公司。他們所提供的就是這種設計藍圖。

這個設計藍圖可以提供給很多晶片設計公司，晶片設計公司自己是絕對不可能也設計一個CPU的，他們都會向CPU IP公司來購買這種設計藍圖。世界上提供這種設計藍圖的CPU公司，其實數量不多，因爲CPU設計是相當不容易的，最有名的乃是英國的ARM公司。我們手機裡面大部分是用了ARM公司的CPU，除了ARM公司以外，其他知名廠商包括MIPS、ARC、Tensilica，這些公司都是很厲害的公司，其中MIPS最近被最大的3D繪圖處理器IP公司Imagination Technology買去，ARC被最大的電腦輔助設計（CAD: Computer-Aided Design）公司Synopsys買去，而Tensilica則被第二大的CAD公司Cadence買去。這些都顯示出CPU IP公司的重要性。

值得我們高興的是，我們國家也有一家這種CPU IP公司，產品當然是CPU的智慧財產權。我首先要說明的是，CPU不容易設計，因爲這牽涉到所謂指令集的問題。剛才有提到，將一個資料從記憶體中拿出來就是一個指令，將兩個數加起來也是一個指令，比較兩個數的大小當然又是一個指令。一個CPU就有一個它自己的指令集（instruction set），你要推出一個新的CPU，指令集是不能抄襲的，因爲這違反專利法。此外你的指令集要新穎有創意，要能包括常做的事情，且電路設計要非常有效率，否則指令看上去很好，執行的時間非常慢或耗電，那又不行了。我們國家這個CPU IP公司的指令集是完全自己定義的。

我們對岸也有一家CPU公司，他們的指令集乃是全部向MIPS公司購買，這當然省了很大的力氣，特別是在軟體開發上，可是以後就要付出很大的權利金，而且也沒有什麼特別的地方，乃是一個複製品。少了指令集可創新，他們CPU的發展也相對受到限制。所以大家應該很佩服我們的工程師有這種勇氣來挑戰世界。

要做好這一類的CPU公司，還要注意一件事，那就是它必須配合世界上大的晶圓代工公司的製程，因爲別人用了你的CPU，你是不知道它要到哪一家晶圓代工廠去製作晶片的，這家公司因此要能證明它的設計藍圖在台積電、聯電、Global Foundry等的製程上，都有最好的表現。

也許有人會問，到底這家公司的CPU可以用在哪些晶片上？我所知道的是包括物聯網裝置的控制器、觸控面板的控制器、快閃記憶體控制器以及無線傳輸的控制器等，而且也賣到了全世界很多國家。當然，目前距離先進國家的幾家大公司還有一段距離，可是我們必須知道世界上能夠製作CPU的國家是屈指可數的。很多日本的電子廠商都會設計CPU，可是都是內部工程師自用，不做智慧財產銷售；缺少廣泛市場需求的考驗及反饋，日本公司在這方面的技術近年已大不如前，多轉爲採用CPU IP公司的產品，而我們這家公司的CPU也已經有日本客戶。我們國家能夠有CPU公司是值得驕傲的事，最重要的乃是他們握有關鍵性技術，這個技術不是買來的，而是他們一步一腳印地發展出來的。

要花多少時間能夠做出可以大量商用爲國際認可的CPU呢？應該是十年，這家公司最近爲了慶祝他們十年有成，很多員工路跑十公里。這也是我們該注意的，我們有的時候要知道好的技術不是在短期之內可以做出來的，如果一個技術在很短的時間就可以做出來，別人大概也能夠趕上。如果我們有野心而沒有耐心，那我們絕對不可能有非常好的技術水準的。

從這家公司可以看出我們國家已經有人不僅有野心，也有耐心，更加堅持要掌握關鍵性技術的信念。我們實在不必害怕別的國家有多厲害，只要有這一類的公司，我們國家的工業就可以穩住了。

# 18

# 以工程師爲名的煞車系統

我們都知道煞車系統，騎腳踏車的時候常常要煞車，騎機車和開車更是如此。我們都有一個經驗，煞車會有一個後座力的性能，一旦在開車的時候緊急煞車，車子會大大地改變方向。我在美國曾經有過在雪地上煞車差點出車禍的經驗。

在很多的儀器中，都有零組件要移動的情形，我們可以想見有一個物件從A處以高速移動到B處，當然到了B處就要有一個煞車系統將物件停在B處，可是必須停得非常準確，如果煞車系統不好，到了B處就些微的彈回來，這個儀器就不能用了，彈向左邊或右邊也是不行的。

我最近常常聽到一些人跟我講一個煞車系統，這個煞車系統是Karimoku，當然可以想見這個煞車系統非常好，物件準確到達B

處，分毫不差。這個煞車系統的設計者是一個工程師，這家公司居然將這個煞車系統以這位工程師爲名。我們只注意到米格機和蘇愷戰鬥機都是以那些飛機設計師的公司名字命名的，我還是第一次知道煞車系統的名字也是一個工程師的名字。由此可見，外國人對工程師有多大的尊敬。我還不知道我們國家有哪一個工業產品的名字是以工程師的名字命名的。我們的飛機也不過是經國號而已，可是蔣經國絕對不是一個工程師。

我也打聽了一下這位工程師的情形，據說他絕大多數的時間是在研究控制學，他的數學非常好，而且對於精密控制也相當有經驗。所以我總認爲我們對於工程師要給他更多的機會，讓他可以思考如何能設計出更好的工業產品。不能過分地重視我們的工程師有多勤勞，總要有一些工程師是在沉思之中。唯有沉思，才有成長。我希望我們整個工業界不能只注意管理，不能只注意生產有多高的效率，不能只注意生產過程有沒有全部電腦化，而應該更加注意我們有沒有厲害的工程師。一個厲害的工程師必須要有很好的學問以及豐富的經驗，兩者都不能缺。希望我們國家能夠培養出越來越多極爲優秀的工程師。

# 19

# 台灣已經能設計基地台天線

我們使用無線傳播，可是很少人會問到底是如何傳播的，這就說來話長了，我們其實是用電磁波傳播訊息的，電磁波當然是看不見的，所以它在空氣中傳播時我們是無從看見的。但是電磁波有一個特點，要將它傳送或接收都要透過一個玩意兒，那就是天線。我們的手機裡就有一個天線，可以發射電磁波，也可以接收電磁波。我們的汽車上也有這種天線，有的時候看到電視台來採訪新聞，都有他們專用的SNG車，車上一定有一個天線，記者拍了影片以後，這個天線就可以把他們的影片打到位在太空的衛星上。俄國總統的座車向來裝了一個天線，沒有人搞清楚這個天線是做什麼用的。有人說這個天線可以用來發射飛彈，不過在我看來，這不過就是裝神弄鬼而已，實在沒有這個必要。

天線的設計一直是一個相當難的工作，因爲這裡面牽涉到了電磁學，而要學好電磁學，不僅物理要好，而且數學也要好。我有的時候在高鐵上看到年輕的工程師在一張紙上解一個微分方程，每次問他是不是設計天線的，每次都被我猜中。需要在高鐵上解微分方程的人，大概都是設計天線的人。

今天我要介紹的是所謂基地台的天線，我們在任何地方如果要使用手機，手機的訊號是要送到附近的一個基地台。對手機而言，它收到的訊號只有一個，它發出的訊號也只有一個。可是基地台就不一樣了，基地台可能同時收到一千多個來自不同手機的訊號，也要同時發出一千多個訊號，所以基地台的天線設計就因此困難很多。

基地台的天線和一般天線最大的不同是，它並不是對準了某一個特定方向，它必須對任何方向都要發射訊號，所以基地台的天線一共有三組，每組所發射的訊號區域的角度是一百二十度，每一組天線內部會整合超過數十個天線單元，透過複雜的控制電路，發射出精準的天線訊號。問題在於每一組訊號不能夠干擾到另一組的訊號，但是每一組的訊號和另外一組的訊號在邊界上是靠得非常之近的，因爲兩組訊號的邊界要是有空隙的話，有一些手機的訊號，基地台就接收不到了。這個基地台天線設計的困難度就在這裡。我們要使三個區域幾乎都涵蓋了整個空間，可是這三個區域絕對不能碰到了，碰到了就不堪設想。下面這個圖就是要來解釋這一點。

從這張圖我們可以看出來基地台天線有多難製造，因爲我們要使得天線發射的範圍非常準確是要有很大學問的。值得我們高興的是，台灣已經有一家公司可以製造基地台天線，而且也已經外銷到國外去。

目前先進國家最高級的基地台天線的頻率範圍可同時涵蓋0.7～1GHz與1.7GHz～2.7GHz，1GHz意思就是訊號在一秒鐘內振動十億次。這個範圍已經可以涵蓋了九成的手機在通訊時所使用的頻率，而我們基地台天線的頻率是0.7～1GHz與1.7GHz～2.2GHz，還無法支援到一些新的頻譜，可是在實驗室裡已經有一個天線的頻率到達了2.7GHz。至於距離可以商用，仍待努力。

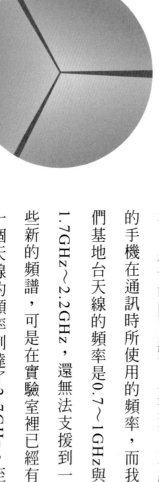

要製造基地台天線，我們面臨很多的困難：

1. 先前所述，三組天線不能互相干擾，又要涵蓋全部的空間。
2. 絕對不能有任何雜訊。也許大家不知道，只要焊接得不好，雜訊就出來了。
3. 功率要夠大，但體積又不能太大。
4. 必須絕對地穩定，颳風下雨都不能影響基地台天線的功能。
5. 這是工藝級的產品，生產人員要具有工匠的素質，必須長時間培養。
6. 多頻段必須作在一支天線內，技術更是困難。

天線的研究是相當重要的，尤其在軍事上，這就更加重要。我們如果要能設計非常好的天線，除了學問以外，經驗當然也是極爲重要。這家公司能夠有這種基地台天線足足花了七年功夫，這個七年功夫有其必要，如果不花這個七年功夫，就只好向外國買技術。雖然也許可以立刻有一個天線，可是沒有關鍵性技術，這種天線過了不久就會被淘汰掉。我們國家有這種公司，表示我們國家的工業已在轉型，我們不是一個只講究生產的國家，我們的公司慢慢地都有相當好的研發能力，也慢慢地握有關鍵性技術，值得大家高興。

# 20

# 提高技術門檻，不必怕大陸

最近我在很多媒體上看到一些報導，主要是關於中國大力支持所謂IC設計的計畫，他們會投下相當多的錢。我們可以想像得到大陸在IC設計方面一定會有很大的進步，這是無可避免的。問題在於這件事情眞的如此可怕嗎？如果大陸崛起，大陸的市場非常之大，這是不是表示我們的產業就完全失去了競爭力呢？

要回答這個問題，不妨看看北歐的很多小國，以芬蘭爲例，芬蘭只有五百萬人，他們的一家通訊公司在手機方面是失敗的，可是這家公司不但沒有倒閉，而且買下了法國的Alcatel-Lucent，這家法國公司在全世界是數一數二的。芬蘭的公司爲何能夠在手機失敗以後仍能擴大？理由是這家公司向來不是製造手機的，他們一直在基地台設備方面有相當的能力，所以手機失敗，基地台設備方面卻毫無問題。

我們不能有一種錯誤的想法，認爲我們對大陸的威脅無還手之力。歐洲很多小國，他們的工業產品絲毫不怕中國大陸的威脅。比方說，瑞典有一家公司專門做工具機上的刀具，這家公司和另外一家美國公司，在世界上的刀具占有率高達百分之七十。瑞士更是有相當多非常精密的機械，而且往往是全世界只有這家公司可以做得出來。荷蘭人口大概跟我們差不多，可是荷蘭有一家半導體設備公司在全世界排名第二，有些設備價格高達三十億元台幣。

所以我們不能因爲大陸的崛起而有悲觀的想法，應該強調的是，所有的產品必須要非常特別，符合高規格，有高的技術門檻。有高的技術門檻是最重要的，因爲這就可以防止任何人在短期內做出同樣的產品來和我們競爭。如果我們的技術是建築在外國技術之上，就不可能算是有高門檻技術。如果我們的技術是一點一滴的自己發展出來，這一定是高門檻的技術，別人是很難在短期內趕上的。

很多消費性產品往往沒有這種高門檻技術，我們會做，別人也會做。所以我們必須要小心，不能因爲在短期內可以迅速獲利而使自己沒有競爭力。如果全國有很多公司除了在短期內要獲利以外，還能夠做長期而極有挑戰性的研究，這些公司就會掌握到關鍵性技術，也一定不會被別人趕上。

以IC設計來講，我們的IC設計最好往高規格的方向去做，所謂高規格無非就是高頻率、低雜訊等等，我們國家其實並沒有太多這一類的設備。最近先進國家有一種設備所產生的訊號並非太高頻率，大概是13MHz，可是功率到達二千瓦，甚至二萬瓦。這種設備和裡面的零組件（包含晶片）當然不是用在消費性產品中，而是工業用的。國人至少應該研究這種設備的架構，這種設備相當不容易設計，但是我們的工程師的水準已經不錯了，如果政府或企業界給工程師一些時間，讓他們研究這種設備以及內部的零組件，相信我們也能在一段時間之內做出高規格的設備。

最近我們發現，只要訂出一個合理的高規格，我們的工程師多半可以經過努力以後，做出這種高規格的產品。我們沒有任何理由悲觀，一定要有信心，能夠接受中國大陸的挑戰。我們國家經過很多次的大風大浪，每次的結果都是表現得更好，美國和我們斷交時，很多人都害怕我們的前途，但是事實證明現在的情形比那個時候好得多，我們不能悲觀，也沒有理由悲觀。

# 21

# 車用的變頻馬達

我們夏天使用空調設備，有的時候會碰到一種情形，那就是溫度越來越低，於是空調就停止了，過一陣子就感覺到溫度又高了，有的時候空調就又啓動了。其實這種情況是不需要擔心的，因爲會聽到空調的大聲運作，如此周而復始。其實裡面的馬達是不停地關閉又開始的。關閉馬達和重新啓動馬達都是相當耗電的，也會使馬達的壽命縮短。

我們常常看到一種廣告說他們的空調是變頻系統，這個意思是說馬達的轉速會改變，不是只有一種轉速。所以如果溫度太低了，馬達的轉速就會降下來，如此就不會停止。如果不夠冷了，馬達的轉速就會快一點，如此就不會太熱。

大家不要以爲這個變頻空調沒有什麼學問，其實我們要知道，在過去，馬達都是工業用馬達，所以馬達的轉速是固定的，電風扇就是一個例子。當初馬達的設計也是爲了固定的轉速而設計的。變頻馬達的設計是要應付各種不同的轉速，這其實不是一件簡單的事。

現在如果要發展電動車或者油電混合車，都需要一個變頻馬達。我在這裡要告訴各位，我們國家最近在這一方面的研究做得不錯。馬達有兩部分是我們要懂得的，一是馬達的控制部分，二是馬達本身的設計。

我們先來談馬達的控制部分。馬達的輸入是交流電，輸出當然是機械之馬達轉子的轉動，再透過變速箱的齒輪傳遞，成爲車輪的轉動。交流電有三個特點，一是它的頻率，再者是電壓強度，三是相位。因爲輸入的是三相電壓，現在的做法是用一個CPU來控制的，對於不同的車輪轉速和扭力，我們會計算出這種情況之下的頻率、電壓和相位。因爲有了這種控制，馬達的效能會好得多。如果用單一的頻率、電壓和相位，這個馬達的效率就會非常差。

我們再要談馬達的設計，設計馬達是相當複雜的事，我自己也沒有完全清楚，大家不用仔細研究如何設計馬達。我們知道，隨便更改一個設計，這個馬達用在某一種汽車上就會有不同的效能。在過去，設計馬達的人眞正要把一個馬達做出來放在車子上試用，這是相當耗費財力、人力和時間的。

現在我們工程師的做法是大量使用電腦，有一個相當複雜的電腦程式可以模擬一個馬達在某一種汽車上的使用情況，所以我們的工程師可以設計相當多種不同的馬達，然後經由電腦模擬看出每一種馬達在這一輛汽車上的效能，再選出表現最好的馬達。此種模擬技術可適用於純電動車或油電混合車，若是油電混合車，這個假設是我們的汽車引擎已經選定了。

從這一件事情上可以看出我們已經是一個相當先進的國家，因爲我們過去是不太會設計這種馬達的，過去所設計的馬達，它的操作點都是固定的，現在的操作點非常之多，我們也能設計了。一個國家會使用某一種工業設備應該算是第一步，所有的先進國家都是能設計這種設備的，我們應該對這件事情感到高興。

這一個研究計劃是在經濟部所支持的工業基礎技術計劃內的，這個計畫有人稱爲工基計劃，工基計劃強調的是往下扎根，我們所做的事情並不是一般人所講的高科技，也並沒有根據什麼創意，但是唯有如此往下扎根，才能往上提升。試想，假如我們要發展電動車，我們不會設計自己的車用馬達，當然就要買一具車用馬達，可是這個馬達不見得符合我們的需要，我們永遠沒辦法做出非常有效能的電動車。

能夠設計這種車用馬達，也表示我們其實是抓到了關鍵性技術，這是現在相當多工程師在努力的重點，發展自己的關鍵性技術。唯有這樣，我們才可能在工業技術上得以升級。

# 22

# 無裂縫的焊接

我常常在各地演講的時候都強調焊接技術的重要性，這也常常引起很多人的反彈，他們認爲焊接有什麼了不起，工學院的學生常常要做電焊的工作。有一次還有一個學生在我演講完了以後表示，學生只要懂得力學就會焊接，所以他認爲焊接不好，一定是我們的技術人員不懂力學。我們現在看下面這張圖：

中間的這一大塊是陶瓷，橫的兩根東西是金屬，我們先要將陶瓷穿兩個洞，然後將這兩

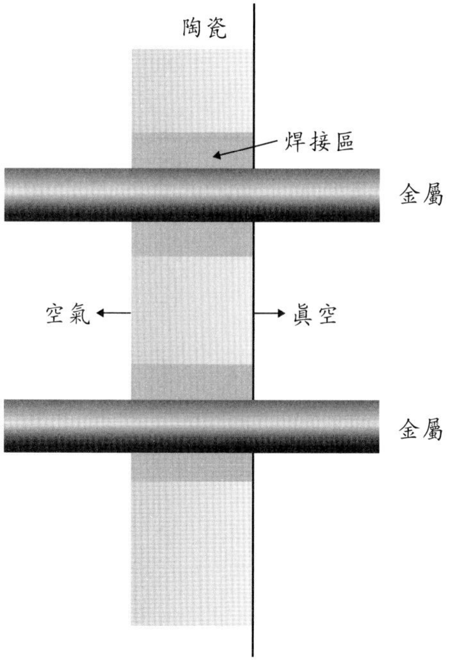

根金屬穿進去，當然要把它們焊接起來，不能脫落。要注意的一件事乃是這個陶瓷的左邊是有空氣的，右邊是眞空的，也就是說，我們不能讓一點點空氣流入眞空地區，因爲這會引起不堪設想的結果。

要做到不讓空氣流入眞空地區，就牽涉到焊接的技術。如果焊接得不好，焊接區域就會有細微的裂縫，這種裂縫對於結構是沒有問題的，也就是說焊接的確是成功了，金屬棒牢牢地被焊接到陶瓷之上。可是對於精密機械而言，這種有裂縫的焊接是不能用的。

讓我們感到高興的是，我們國家有專精於焊接的公司，這種公司規模不大，可是技術非常地高超，他們會努力地研究出一種焊接的材料，這種材料是特別用來焊接某種金屬和某種陶瓷的。

這家公司也發展出一種特別的焊接技術，據我所知，這種焊接技術叫做氫硬焊。氫硬焊並不是我國的發明，氫硬焊僅僅是一個原則而已，對某一個特殊的情形，廠商必須擁有一些特別的技巧（know how）。有了這種特別的製程，我們才有了無裂縫的焊接。

我們國家之所以有這種高科技的焊接公司，可說是歸功於我們的國防工業。可以想見的是國防工業常常需要特殊的焊接，這種小公司也就應運而生。很好的消息是，除了國防工業以外，我們國家也在往精密設備的方向努力。到現在爲止，這些小的焊接公司是可以存在的。

希望國人知道焊接是一個相當困難的技術，法拉利跑車常常會註明焊接師的名字，因爲焊接除了學理以外，也牽涉到技藝。如果沒有精密焊接的技術，我們國家絕對不可能提高工業技術的水準。也許我們可以說，政府官員如果能夠鼓勵精密工業，也設法培養精密工業，支撐精密工業的小公司就會存在。沒有一家大公司可以完全垂直整合，總要依賴周邊的小公司。如果政府完全不支持精密工業的發展，比方說，政府強調向外購買武器而不願意在國防工業上投資，最後的結果是這些小公司可能就化爲烏有，而且民間的精密工業也不可能發展。

焊接是很少人注意到的技術，我敢說很少人認爲這是高科技，其實這絕對是高科技。國家要有非常精密的設備，精密的焊接乃是一大學問。值得我們感到欣慰的是，國家開始注意這種基本的技術，而不再成天打高空。希望這種想法能夠爲整個國家社會所接受。

# 23

# 台灣已能設計並製造昂貴的顯示器檢驗設備

我們的電視一定有一個顯示器，否則看不見，電腦也是如此。對我們一般人而言，顯示器就是一片玻璃，其實一個顯示器背後有很多圖點（像素），每一個圖點都是一個非常小型的電路，這個電路可以發光，而且會有很多顏色。一般說來，我們的顯示器解析度有1920×3（RGB）×1080個像素，大約等於六百萬，其中三是三原色。每一個圖點的線路都不能有錯，比方說，線路如果有斷路或者短路的情形，我們就必須要知道。所謂檢驗設備就是在生產線上檢查所製造出來的顯示器有沒有這種瑕疵。

顯示器的製造並不是一片一片製造的，通常在一張大玻璃，最佳化編排後，同時產線生產，以G8.5世代玻璃（2500×2250mm）上約可以製造八片三十二寸顯示器。當然尺寸小的，可以多做幾個。可是在生產線上我們必須快速地完成檢驗，我現在要介紹的檢驗設備，可以在九十秒內完成一片顯示器的檢查。假如說，一片玻璃上有八個顯示器，那麼這個設備要在九十秒內完成四千八百萬個像素的檢查。

這個設備不僅要發現顯示器有沒有問題，而且要提供錯誤點位資訊，提供後續製程監控改善與修補機台進行快速定位修補，也就是說要把斷路的地方連接起來，短路的地方要打開。這一切資訊處理都要在九十秒內完成檢查與上報資料。

也許大家會好奇如何判斷線路有問題，這就牽涉到一個叫做傅立葉轉換的學問。傅立葉是拿破崙時代的法國數學家，所謂傅立葉轉換，在數學方面當然很複雜，可是我們大致可以這麼說，任何一個訊號，比方說，人聲或者小提琴聲，都是由很多正弦波（cosine）所組成的。每一個正弦波都有一個頻率，可是有的聲音是有所謂主頻率的，比方說，一個人在鋼琴上按中間C就會產生Do的音，Do的音的主頻率是261Hz，下一個音Re的主頻率是294Hz。怎麼知道的呢？我們可以將鋼琴Do的音送到傅立葉轉換的程式裡去，傅立葉轉換就會產生以下的兩張圖：

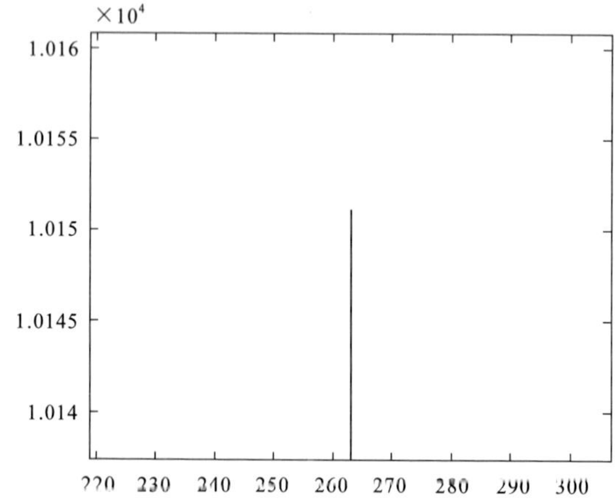


圖一　Do的傅立葉轉換

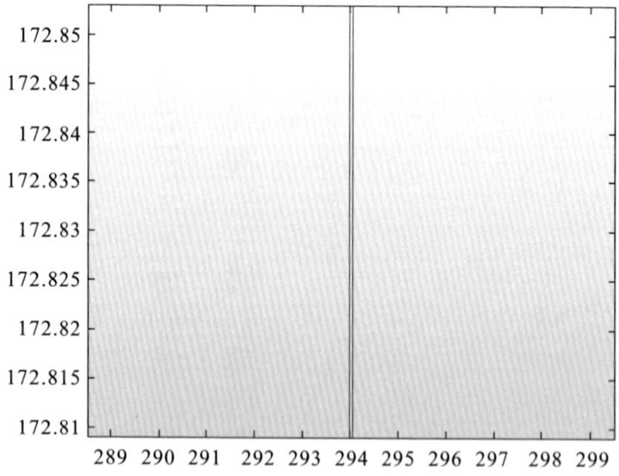


圖二　Re的傅立葉轉換

圖一就是Do的傅立葉轉換，可以看出它的主頻率是261Hz。而Re的傅立葉轉換是在圖二，可以看出它的主頻率是294Hz。其實我們如果用這種方法來調音是相當準確的，如果用別的樂器，Do的主頻率仍然是261Hz。可是除了主頻率以外還有很多其他的頻率，這些頻率的大小，各種樂器是不一樣的。

從以上的圖可以看出傅立葉轉換是可以用來檢驗的，圖三是一條直線的傅立葉轉換，假設我們的直線斷了一小段，它的傅立葉轉換就會像圖四所示。

這個顯示器檢驗設備先將一個標準而無瑕疵的線路照相並定義線路週期，再得到這個線路的傅立葉轉換，之後利用光學取像系統將每一個顯示器上的線路照相，而且在得到每一個線路以後，再對這一個

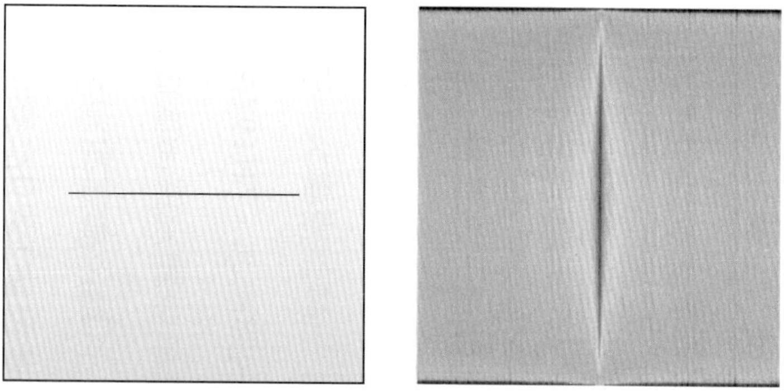

圖三　直線的傅立葉轉換

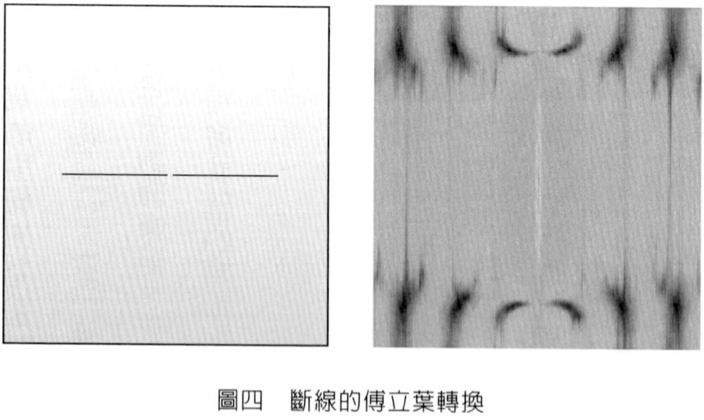

圖四　斷線的傅立葉轉換

線路進行傅立葉轉換。如果這個線路的傅立葉轉換和標準線路的傅立葉轉換完全一樣，我們就說它沒有問題。如果有問題，這個設備會快速地記錄差異座標資訊，提供後續雷射修補有問題線路。

我們可以說這是一架精密設備，因爲每一個圖點都非常小，如果設備不精密，恐怕所有的圖點都會被認爲有問題。而且要在九十秒內完成四千八百萬個圖點的檢查，也是相當不容易的事。

要完成這個檢驗設備，需要四種學問和技術，那就是電機、機械、光學和軟體。我希望大家知道，如果不使用傅立葉轉換，恐怕不可能做到如此快速而且準確的檢驗。因此，我們的工程師面臨一個問題，那就是沒有一個工程師可以在大學裡什麼都學會的。我們必須要在職場內慢慢地學會很多我們在大學裡沒有碰過的學問，這就是我本人一再強調的：工程師必須要不斷地成長。如何能夠使工程師不斷地學到新學問，乃是一家公司很重要的工作。這家公司之所以能做出這種設備，就是因爲他們有相當不錯的在職訓練。

要做出這種設備當然不是一天兩天的事，這家公司的工程師告訴我，他們花了整整六年才完成。這也是我們目前該了解的事。要完成一個相當精密的設備，絕對要有耐心，不能要求工程師在極短時間內完成任務。

這個設備的賣價是六千萬台幣，我們應該感到非常高興，國家已經有人肯做這種投資，也能做出這種相當不錯的設備。如果政府能夠重視設備產業，也能有計畫地鼓勵工業界做發展各種精密設備的研究，我國的工業絕對會更上一層樓。因爲如果我們國家製造業所使用的設備都是自己設計的，我們所製造出來的產品就可以有特別的功能，而別的國家有的時候是做不到的。

歐美國家有的時候並沒有什麼製造業，但是他們永遠牢牢控制的就是製造業所需要的設備。我們當然距離他們仍然非常之遠，可是我們已有進步，我們就應該對自己有信心，也應該對這些工程師表示我們的敬意。

# 24

# 要拚工業，我們最缺想變強國的願望

最近我和很多人談起大陸工業發展的情形，大家並不太擔心中國大陸在工業技術上遙遙領先我們，可是都有一個共識，那就是大陸有一種要在工業上成爲一個大國的想法，政府一再灌輸這種觀念，年輕人也會有這種觀念。而韓國朝野也都有要成爲強國的企圖，以電子業來講，韓國就認爲一定要打敗日本的電子業。在很多方面，他們的確做得不錯。

一個民族如果有要成爲強國的想法，往往是很有效的。二次世界大戰結束以後，法國雖然是聯合國的五強之一，但其實算是弱國。在工業上面，不能和美國相提並論。可是法國出了戴高樂總統，一夕之間就改變了法國人的想法，他將法國軍隊脫離北大西洋公約組織，聲稱法國軍隊絕不接受任何外國的指揮，這使美國大吃一驚。他也宣布要有完全獨立的國防，包含原子彈、核子潛艇、航空母艦、戰鬥機等。

法國在戴高樂的領導之下，脫胎換骨，在工業上有相當好的突破。這當然也要歸功於法國的基礎工業相當不錯，可是這種要成爲強國的觀念，使得法國在工業的很多方面，展示了一個強國的國力。比方說，二〇一五年八月的新聞就報導空中巴士和印度的一家航空公司簽約，一口氣賣掉二百多架A320客機。

大家不要以爲小國不能成爲強國，瑞士就是非常小的國家，奧地利也是如此。可是在工業上，這兩國都是強國。芬蘭更是如此，人口只有五百萬左右，但誰都知道芬蘭在工業上有很優秀的產品。事實上北歐很多小國在工業上都相當不錯。

我們的確要培養這種觀念，朝野上下都應該要有這種想法，當然強國絕對不是在軍事上，而是在工業上。不論是政府或民間，都應該要有雄心壯志，從事非常有挑戰性的研究發展工作。所謂有挑戰性，就是要發展相當難做的產品，而不要老是想做一些討好一般消費者的產品。整個工業界，除了追求短期的利益以外，也要肯投資在有挑戰性的研發上。

政府更應該負起這個責任來，時時刻刻提醒國人，要成爲工業大國。以目前很多跡象來看，我們的確在進步之中，而且進步得非常快。可惜的是，人民對於工業發展沒有什麼興趣，我從來沒有看過任何電視媒體討論這個問題。

如何發展工業不是簡單的事，但也不是極端困難的事，如果我們完全對自己沒信心，也沒有這種要成為工業大國的想法，那可以預測，工業一定會落後中國和韓國，這將是非常悲哀的事。反過來說，如果大家都願意為國家的工業發展努力，當然也會引起全世界的注意。國人一定要有這種信心。

# 25

# 台灣在液晶設計上的研究發展

我們現在一般的顯示器是所謂的液晶顯示器，也就是說兩層玻璃之間有一層液晶材料。液晶，顧名思義是液態晶體，可是這種液體有一個特別之處，它有結晶的特質，可想而知的是這個液體內部有許多特殊化學結構，這些化學結構的排列是很有規律的。當然，我沒有資格很正確地解釋液晶是怎麼回事，可是大概說起來液晶可以用圖一這個示意圖來解釋。

這個液晶的後面有一個光源，各位可以看出來，如果液晶的內部排列像圖一的情況，光源的光是可以透過的，所以我們看到的是很亮

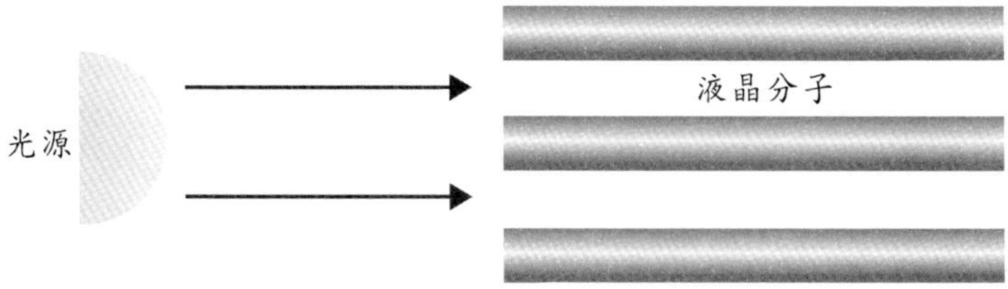


圖一　液晶排列對光源穿透的控制(一)

的一點。

液晶有一個特色，假設我們給液晶一個電壓，液晶的內部結構就會有所改變。圖二的示意圖是簡單地解釋了液晶內部旋轉的結果。

如果到了圖二的狀況，光源的光通過液晶的就少了，當然我們所看到的光點就暗了。至於顏色是怎麼達成的，那就太複雜，不容易講清楚，暫不詳述。

能夠製造液晶的國家是不多的，液晶大多數來自德國和日本。要製造適

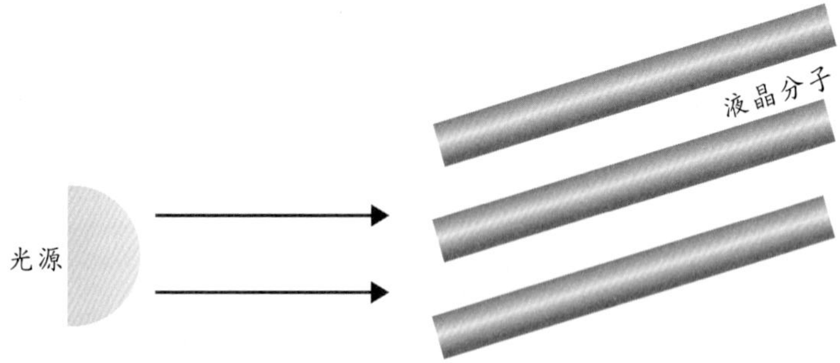


圖二　液晶排列對光源穿透的控制(二)

合顯示器用的液晶是相當麻煩的，因爲我們希望所設計的液晶黏度要好，像水一樣；希望所用的電壓可以非常之低，因爲愈低的電壓愈省電；溫度範圍要大，不能天冷或天熱就無法看電視；最後我們希望它旋轉的速度要非常之快，純度也要高，影像品質會更好。

要做出這種液晶，就要調整很多的參數。當然我們可以利用一些理論，可是清楚的人都知道，這些理論對於簡單的化合物也許有用，像液晶這種非常複雜的化學結構，純理論是絕對不夠的，必須要做很多的實驗。專家會告訴你，因爲參數非常之多，各種參數的組合也就種類繁多，可能要做到一萬次實驗，才能知道哪一個參數組合是最適合所需的。

怎麼辦呢？我們有一個辦法，我們知道實驗非做不可，但是做一萬次實驗未免不切實際，所以研究工程師在四年內就做了四百六十個分子結構，每個實驗都是一組參數的組合，每個實驗也都記錄下這種液晶的性能。

得到各組資料以後，工程師將這些資料送入一個電腦軟體。這個電腦軟體可以利用四百六十筆資料來推測其他組合會有怎樣的結果，這個軟體所利用的數學是內插法。內插法是怎麼回事？我現在用一個最簡單的方法來解釋。

假設你知道身高一百七十公分的男人，平均體重是六十五公斤，身高一百七十五公分的男人，平均體重是七十公斤，用這兩種資料，我們可以推測身高一百七十二・五公分的男人，平均體重是六十七・五公斤。這當然有一些錯，可是八九不離十，如果我們所知道的資料愈多，當然我們預測的結果就會愈準確。

利用這種方法，我們的工程師可以得到百分之八十的準確率。四年以前，因爲實驗不夠多，他們的準確率是不能談的。四年的苦功沒有白費，我們國家已經能夠做出一些可以使用的液晶。但是我們距離德國和日本還有一段距離，他們的準確率據說可以到達百分之九十以上。

所以應該感到高興的是，我們國家有不少的工程師在下苦功。液晶絕對不是拿一本教科書讀了以後就能做出來的，這種顯示器液晶的設計都是公司的秘密，也是靠很多經驗得到的。如果不下苦功，永遠做不出所以然來。我們國家之所以有人可以下這個苦功，乃是因爲經濟部的策略已經相當鼓勵大家從基本功做起，這個研究計劃就是經濟部的工業基礎技術計劃下的結果。

我們也應該知道一件事，那就是軟體的發展在工業發展上是非常重要的，但我們不要成天鼓勵我們的青年學子發展簡單而討人喜歡的軟體，這種軟體也許會討人喜歡，可是一下子就會被追上，應該鼓勵年輕人發展非常特別而需要很大學問的軟體。

最後，我們應該為自己的工程師感到驕傲。比起一些先進國家，我們的確是起步晚了一點，可是很顯然的，我們追趕得不錯。

# 26

# 台灣的機械在穩定度上的發展

我們買新車的時候，其實會感覺到只要是新車，車子一切的表現都非常好。可是有些車子在新的時候的確是不錯，過了若干年以後就會有問題。也有一些車子時間過了很久，仍然沒有太大的問題。相信大家都會喜歡那些時間久了仍不出問題的車子。

如果一家工廠要購買一架機器，穩定度就更加重要了。每一架機器的價格都相當貴，不是一支鉛筆可以輕易丟掉，所以我們好的機械公司所生產的機器不僅僅在新的時候精確度非常好，而且希望在一段時間以後，這個機器仍然維持它的精確度。

一架機器的內部當然有非常多的零組件，這些零組件的精確度如果非常高，材料也非常好，機器運作以後，零組件當然會有些微的磨損，如果這個零組件當初做得非常精密，公差非常之小，長時間下來，這個零組件仍然維持原狀，這架機器當然也就是一架穩定的機器。

如果我們看國家最近的零組件公司，我們不難發現這些零組件公司的水準正在提高，也就是說，我們的確在朝向精密零組件的方向發展。可是最使我印象深刻的是，很多設備廠商有自己的檢驗機器，這些檢驗機器都是他們自己發展出來的，對於不同的零組件，他們有不同的檢驗儀器，所以他們不會使用任何不夠精密的零組件。這種自行發展的檢驗儀器也迫使國內的零組件廠商所做出來的零組件會愈來愈精密。

我們常常說不因善小而不爲，假設我們所做的鋼珠精密度不夠，過一兩年以後，鋼珠就會有一些變形，這個變形會使得某一些零組件磨損，其最後的結果是這架機器完全失效。不要忘記，在機器出廠的時候，它的精密度是相當好的。

一架機器一定會有所謂鑄造的過程，因爲我們總要將金屬暫時變成液體然後再還原成固體。這裡面就牽涉到很多的過程，其中據我所知有一個退火的過程。我當然對退火不是專業，可是我知道退火有很多的技術，它可以一次或多次，所以我們必須要知道究竟該多少次退火。除此之外，我們還要知道每次退火的時間該有多長；如果幾次退火，每次中間的間隔是多少。這些不同的退火程序都會對於最後金屬的穩定性有很大的影響。

在過去，很多公司將鑄造出來的材料送到北方非常冷的地方保存五六年，看它是否仍然沒有問題。其實這種做法有一個奇怪的缺點，那就是萬一你所做出來的金屬被發現是不穩定的，可是已經爲時已晚。

我最近看到台灣有一家機械設備工廠，他們很認眞地對於鑄造過程做大量的實驗，每次實驗的結果再使用一種非常高級的儀器來看金屬內部的結構。這些工程師當然不是普通的工程師，他們知道金屬的內部結構應該是什麼樣子的，所以他們其實可以做出一個結論，哪一個鑄造過程對他們是最好的。經由這種研究，他們的機械設備也就更有穩定性。

我無非是希望大家知道我們的工程師是相當注意基本技術的，他們知道唯有很徹底地掌握住關鍵性技術，他們才能生存，也才能夠出人頭地。我們國家一定要往精密工業發展，而精密的設備一定要有精密的零組件。如果我們的精密零組件必須外購，很多先進國家有可能不再賣這種精密零組件給我們。如果我們的零組件不夠精密，即使機器在新的時候表現得相當好，但是幾年以後，這個不夠精密的零組件就可能因爲磨損而使得這架機器不再是精密的機器。

尤其使我感到欽佩的是，很多工程師對於任何一個小的問題都不忽視。鑄造已經有幾千年的歷史，可是我們的工程師不會直接照本宣科，用最普通的方法來鑄成，而是很認眞地設法知道有關鑄造的基本學問。當然，這些工程師的學問也是相當好的，他們不僅僅能夠測試一些金屬的性質，也能夠深入探討金屬的內部結構。對我來講，這些都是很不容易的事。

仍然在此希望大家對台灣的工業有信心，因爲我們很多工程師在腳踏實地地做往下扎根的工作。他們知道唯有如此，才能夠使台灣的工業往上提升。我們應該給他們一些掌聲。

# 27

# 台灣的精密機械——線切割機

我們國家絕對要往精密工業的方向邁進，所以我在這裡介紹一種機器，叫做線切割機。這個線切割機的機械構造我沒有辦法詳細解釋，我只能設法將它最重要的原理解釋給大家聽。

假設我們有一塊鋼板，我們要在這個鋼板上挖一個圓洞，不要忘記鋼板是非常硬的，挖洞的目的是要有一個鋼製的圓形物體，這是用來作爲模具的，所以這個圓必須非常準確。怎麼做呢？請看圖一。

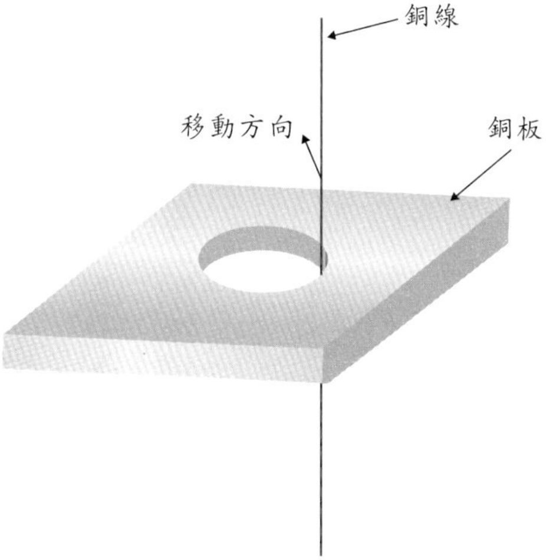


圖一

我們將一根銅線穿過鋼板，假設這個銅線有切割作用，我們可以將銅線移動一個圓圈，再走回原點，這樣就會得到一個鋼製的圓形物體。這看起來很簡單，但其實很難，因爲一般的銅線絕對不會有切割的作用。爲什麼我們的銅線會有切割的原理呢？請看圖二。

我們一開始的時候是在鋼板上打了一個小洞，必須注意這是一個非常小的洞，然後將銅線穿過這個洞的中央，可是不碰到這個鋼板。因爲銅線有切割的作用，所以銅線附近的

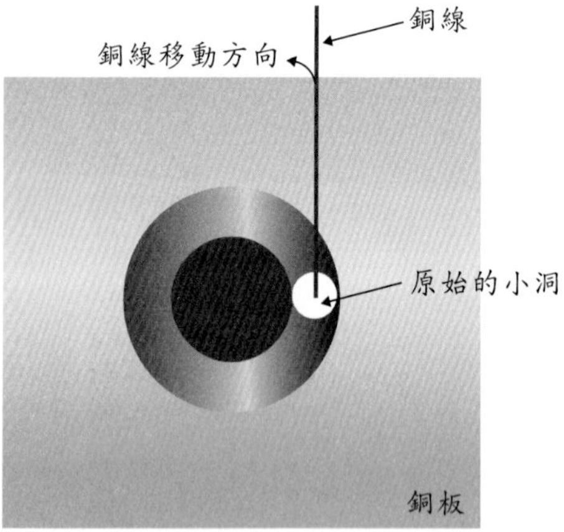

圖二

鋼板有一部分會脫落下去。如果我們按照預定的軌跡移動銅線，在鋼板上就形成了一個溝，溝的內部有一個圓，銅線走一圈回到原點，這個小圓就會掉下去，這就是我們所要的元件。

我們要知道，如果以肉眼來看，銅線和鋼板是接觸的，其實不然。圖三是假設我們從側面去看，可以看出鋼板被我們先用一種方法穿了一個小洞，銅線非常準確地穿過這個洞的中央，銅線和鋼板是絕對不接觸的。銅線與鋼板的距離

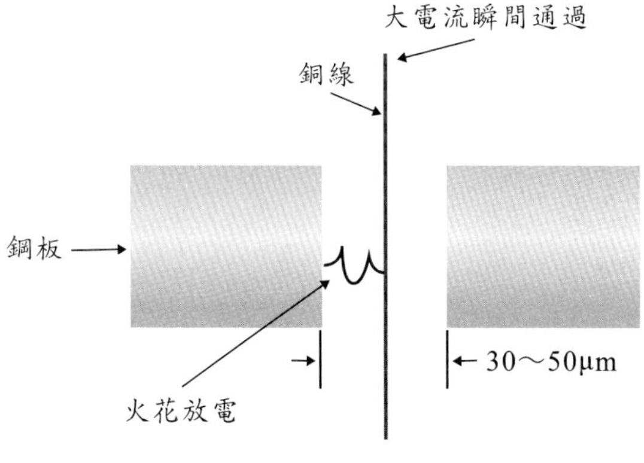


圖三

是30～50μm，所謂一個μm是一百萬分之一米，這當然是非常小的距離。

爲什麼銅線會切割呢？乃是利用火花放電的原理。打雷時的閃電就是火花放電，我們如果在銅線上通一個很大的電流，這個電流必須是短時間的，銅線和鋼板之間就會產生一種所謂的火花放電。這種火花放電會引起高熱，使得金屬的表面受到一些切割的力量，有一些金屬的表面就會脫離金屬而掉了下來。如果我們將銅線按照既定的軌跡移動，就可以產生我們所要的圓。當然我們不一定要一個圓，也可以是一個方形或者更加複雜的形狀。

我們的電流有多大呢？電流是相當大的，是五百安培。可是這個電流的時間當然是相當短的，最短是0.1μsecond，最長是1μsecond。

每次通電以後還要有一段休養生息的時間，因爲銅線無法承受一直通電，所以這個做法是通一段時間的大電流，然後休息一段時間。我們在一秒鐘內要做十萬次如此的通電又休息的動作。通電又休息就表示一定有一個開關在不停地又開又關，但是這個開關的動作是要非常迅速而準確的，一秒鐘內我們要開關十萬次，必須注意通電和不通電的時間又是不一樣的。這個開關是我們國人自己設計製造的。

如何能夠使銅線移動呢？這當然是我常常講的控制器。線切割機也是一種工具機，當然這是非常特殊的工具機，因爲它沒有用到刀具。任何工具機都有一個控制器，這個線切割機的控制器又很不容易做，因爲要使這個銅線移動，上端要有人推它，下端也要有人推它，而且兩者的推力和方向要完全相同，否則這個銅線就會斜掉了。這種線切割機也被稱爲五軸工具機，爲什麼是五軸，以後再講吧。大家要知道五軸工具機是比較昂貴的。

也許有人會問，金屬被切割的小片掉到哪裡去了？我們的機器其實是浸在水裡的，所以金屬的碎屑就到了水裡。

現在要講的是這個機器實在是不簡單，假設做得不夠精確，我們的銅線走了一圈沒有準確地回到原點，一切都白費了。假設電流通過的時間太短也不行，太長也不行，所以我們其實要設計得非常好，才能夠使得銅線有切割的作用。還有一點，銅線的上下端移動都要控制得完全一樣，這也不容易。我在此再說一次，這些控制系統都是自己設計、自己製造的。

這個控制器的作用猶如我們開汽車，我們開車可以轉彎，假設我們要左轉，可是左轉以後馬上要右轉，這是不容易的事，即使在特效很好的電影也很少看到這種鏡頭。要使一個機械左轉以後在短時間內右轉也是不容易的事，如果我們向外國買一個控制器，這樣的切割是做不到的，可是現在我們的控制器是我們自己設計的，而且我們對於我們的機械也非常有經驗，所以我們可以利用自己的經驗來修改控制器的軟體，這種兩次急速轉彎的切割也就可以完成了。

我們要有自己的麵團，也就是說我們要有自己的關鍵性技術。要完成一個精密的機械，很多關鍵性的技術都必須掌握住，關鍵性的零組件也要能自己訂做。我們應該感覺到我們國家是在進步。

最後，大家也許會問，這樣一部工具機要多久才能設計出來？答案是相當久的，據我所知，很多在這些設備上工作的工程師都有二十年的經驗，他們沒有見異思遷，一直在設法使自己的機器越來越精確，我們應該以他們爲榮。

# 28

# 不要唱衰台灣傑出的工程師

最近有一個現象令我感到非常不安，社會上的很多人成天唱衰台灣，將我們的國家講得一文不值。比方說，有人說五年以後我們國家的優勢就沒有了，難怪很多年輕人對國家完全失去了信心，甚至以爲菲律賓都比我們好。

我絕對不能同意這種想法。我在民國六十四年回國，現在四十年過去了。我回國的時候，我們國家幾乎是一個農業國家，在工業上非常落後。虧得有孫運璿和李國鼎的領導，才變成工業國家。但讓我總覺得不安的，就是台灣工業有好一陣子是製造型的，製程與設備並不是我們能掌握的，也就是說，仍是用別人的技術。

可是，近幾年來我發現台灣有不少的精密特用化學品公司，製程是自己的，因此能精確地掌握這些產品的特色。很多的半導體公司只要是有工廠的，也多數能夠掌握自己的製程。

至於設備，我們國家進步得更令我感到驕傲。過去從來不敢提能夠製造電子顯微鏡，單單電子束這個技術，就是天方夜譚，但現在已經有完全自己設計的電子顯微鏡。我曾在台大演講，鼓勵大家發展出高頻率的示波器，現在台灣真的已有頻率高達1GHz的示波器，而且不久就大概會有2GHz的示波器。值得一提的是天線工業，普通天線不算太難，可是基地台的天線是相當難的，我們也有了這種天線。台灣也有長距離的無線通訊技術，從金門可以發射訊號到台中市和平區的小雪山。此外，我們的工程師還能利用電漿來製造完全不沾水的玻璃。

過去我們的軸承要靠鋼珠，現在已有液靜壓軸承。我們過去都有焊接技術，現在工業進步到需要完全無縫的焊接，才能保持機械內部真空。由於工程師的努力，我們已有這種技術。

一個國家最重要的，不是有沒有使用精密機械，而是要能夠製造精密機械。在此介紹幾個非常精密的機械：①雷射刻印機，在一吋內必須使用雷射打四千個點，移動的速度是一秒鐘一百吋。②顯示器檢驗設備，可以在九十秒內完成四千八百萬個圖點的檢查。③線切割機，要將一根銅線穿入一塊硬的鋼板，銅線與鋼板距離是30～50μm，所謂一個μm是一百萬分之一米。然後加以瞬間大電流，電流是相當大的，有五百安培。但是通電的時間又要短到0.1μsecond，每一秒鐘要通電十萬次。銅線在鋼板內走一圈要精確地回到原來的位置。

我們的工業已經在往精密零組件和精密設備的方向走。如果和化工工程師聊天，他們每天都在談如何做出非常微小的粒子，往往直徑只有5μm，粒子和粒子間的距離不能太大也不能太小。在過去，我們是不談設備的，現在已有價值億元和六千萬元的設備。

那些唱衰台灣的人，對不起這些工程師。如果要繼續唱衰，請告訴國人，我前面講的工業成就都極爲普通。我不覺得這是普通的成就，我以我們的工程師爲榮。最近幾年是我們工程師表現最好的時候，沒有理由成天唱衰台灣。

# 29

# 導電粒子

我們的電子系統常常有需要將一個晶片放到一個基板上，晶片有很多腳，這些腳要和基座的電極一一相連，如圖一。

大家一定會想，要連接晶片和基座可以用焊錫來連接。理想的焊接如圖二。

但是，基座上的節點只有十微米，一個微米是一百萬分之一米。所以，一不小心焊錫會橫跨兩個電極造成短路，有如圖三的情況。

一旦如圖三的情況發生，就會有所謂的短路（crosstalk）。這是絕對不行的。我們唯一的辦法是用所謂的導電粒子，也就是說，晶片和基座之間有一種接著劑作爲連結，接著劑中有可以導電的塑膠導電粒子。這些塑膠導電粒子就可以將晶片和基座相連了，如圖四。

這些塑膠導電粒子的直徑是三～五微米，公差〇・二微米以內。

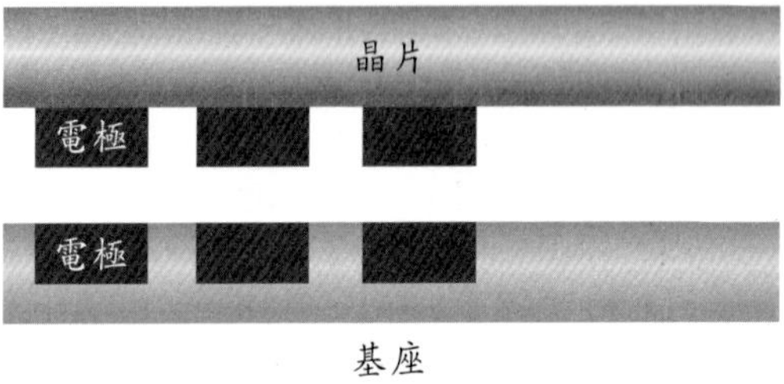


圖一　晶片與基板表面互連電極

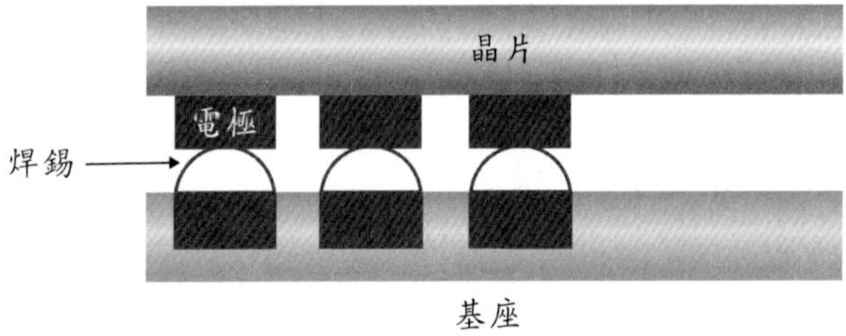


圖二　晶片與基板之間以焊錫連接電極

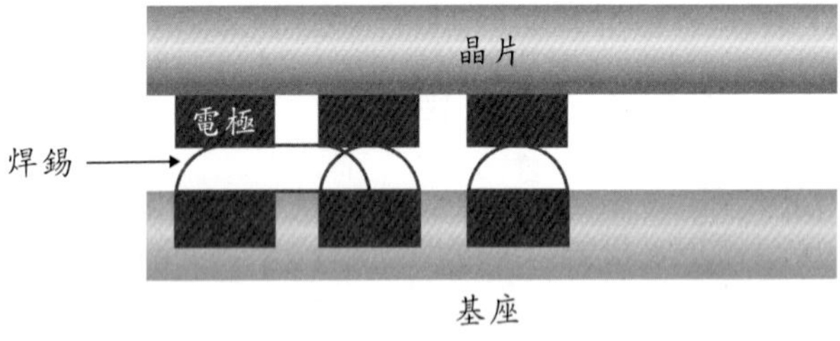


圖三　晶片與基板之間因焊錫對位不良造成連接電極短路

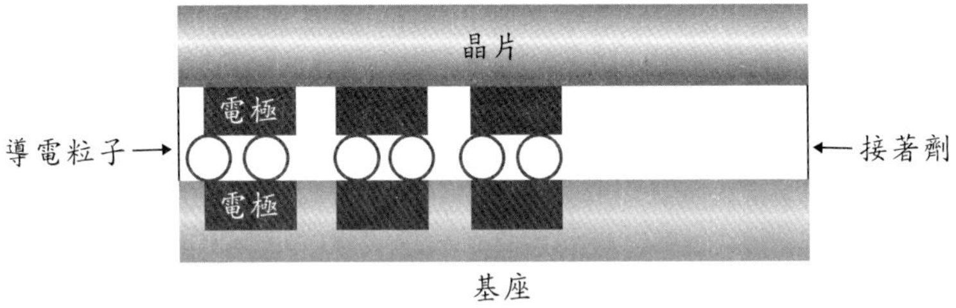


圖四　晶片與基板之間以塑膠導電粒子連接電極

而我們在十年前是完全做不到的，現在由於工程師的努力，這種極爲微小的塑膠導電粒子已經可以自己做出來了。

這些塑膠導電粒子在液體中是不能夠互相碰到的，碰到的話又會造成嚴重的問題。它們之所以不能碰到是因爲工程師利用靜電互斥的原理造成。但是粒子和粒子之間的距離又不能太遠，因爲一旦太遠，有可能晶片的腳和基座的節點連不起來，所以必須維持粒子和粒子之間的距離小於五微米。

這個塑膠導電粒子之所以能夠成功地做出來，是由於化工工程師的合成技術，他們對於化學結構設計有相當的功力。當然，塑膠粒子的表面是要鍍上黃金導電層，這個技術也是不容易的。

塑膠粒子要做得非常小而均一是我國最近才做出來的，在很多年前我們也有塑膠粒子，可是塑膠粒子的大小完全不一，從一毫米至一百毫米都有。嚴格說起來，這種塑膠粒子無法用來作爲導電粒子之用，而是一種粒子而已。這種塑膠粒子的價格是非常便宜的，一公斤價格低於二百元台幣。現在的塑膠導電粒子，一公斤價值超過三百萬台幣，而其中金子表層的價值只有二十五萬。可以想見我們國家是在進步之中。

我們能夠做出塑膠導電粒子顯示我們國家在向精密工業邁進，因爲①導電粒子的直徑非常小，公差也非常小。②塑膠導電粒子在液體中的分布相當均勻，沒有成塊的現象。這都是工程師辛勤努力的結果。

也許大家會問，總不會如此地均勻，萬一有一個地方不太均勻怎麼辦？我在這裡要告訴各位一個好消息，我們國家有一種設備公司，已經發展出檢驗塑膠導電粒子的設備，可以檢驗出任何有不均勻的地方，也可以修補。這件事情又顯示了我國在精密機械上也在進步之中。

塑膠導電粒子的研究是由經濟部工業基礎技術發展計劃所支持的，在過去，政府是不太會支持這種計劃的，因爲這種研究計劃不是耀眼的計劃。可是這種技術是相當重要的，我們顯示器的封裝就相當依賴塑膠導電粒子。

# 30

# 鑲有鑽石的工具

我小的時候在學校裡要做木工，做完以後常常用一張砂紙使得做好的木器光滑。在機械業很多零組件也都要相當光滑的，因此也需要所謂的砂輪來做研磨的工具。我最近發現台灣有廠商製造以鑽石爲主要材料之工具，當然這種鑽石不是明星藝人戴的鑽石，而是工業用鑽石，非常硬，鑲在砂輪的表面上當然就可以成爲一種非常好的研磨工具。這種研磨工具都是裝在一些工具機上用的。

我們很多的積體電路在封裝的時候需要導線，可是想見的是這種金屬線一定非常細，因爲積體電路本身就是非常小的東西。這種金屬線的直徑有時要在十八微米（一微米等於一百萬分之一米），這種細線就是可以用鑽石眼模來製造的。請看圖一。

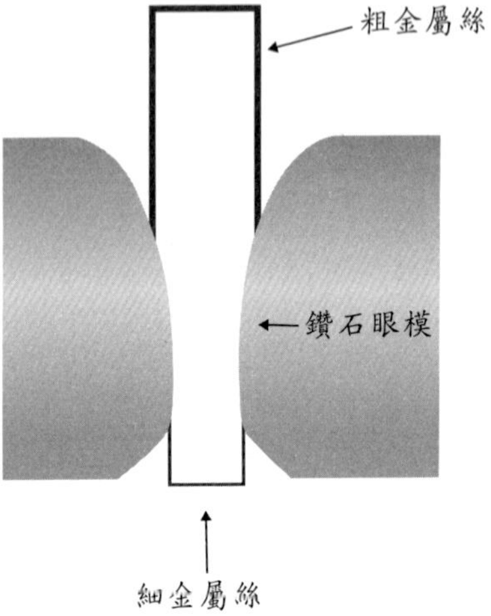


圖一

原來的金屬線當然是很粗的，金屬線經過像圖一這樣的鑽石眼模，使用伸線機拉伸，粗線就變細一點。當然這不可能一下子就到達十八微米，必須經過好幾次這樣的研磨，最後就可以到達十八微米。

我們再看一個工具，這是用來切割晶圓的。晶圓是很硬的物體，我們切下去以後不能有崩邊的現象，所謂崩邊，可想而知就是邊緣有不平的現象。因此我們必須要有一把相當鋒利的刀，如圖二。

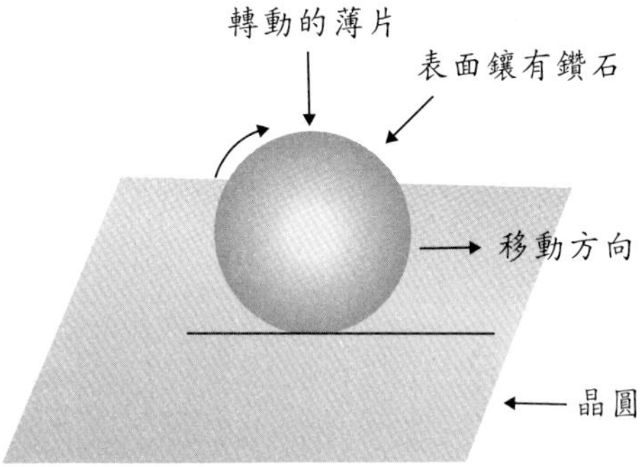


圖二

這把圓形的刀當然是裝在某一個切割機上，使它旋轉同時往一個方向直線前進，當然就可以有切割的作用。刀片必須非常薄，目前我所看到的這把刀的厚度最小可以是十幾微米。刀的邊緣上鑲有鑽石，因爲刀片相當地薄，邊緣又鑲了鑽石，所以切割起來是不會有崩邊現象的。

也有一種刀是所謂的單晶切割刀，那就是一個單晶鑽石經過研磨以後，本身就變成一把刀。當然有刀鋒，也是相當銳利的，如圖三。刀當然不是用人工操作的，也是裝在工具機上。

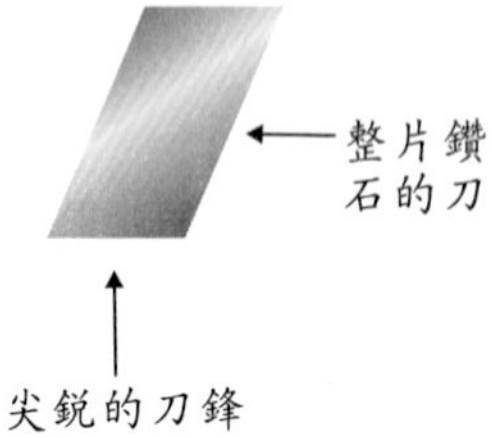


圖三

這種單晶刀往往是用來切削光學鏡片，鏡片當然必須絕對地光滑，不能起伏不平，因此這種刀具也有其特別規格，請看圖四。

如果我們將這個刀具的刀鋒放在顯微鏡下放大一千倍，當然就會發現刀鋒也不是絕對地平滑，總有一些地方突出一點，因此我們的規格就是最高點和最低點的距離不能超過一百奈米（一奈米等於十億分之一米），

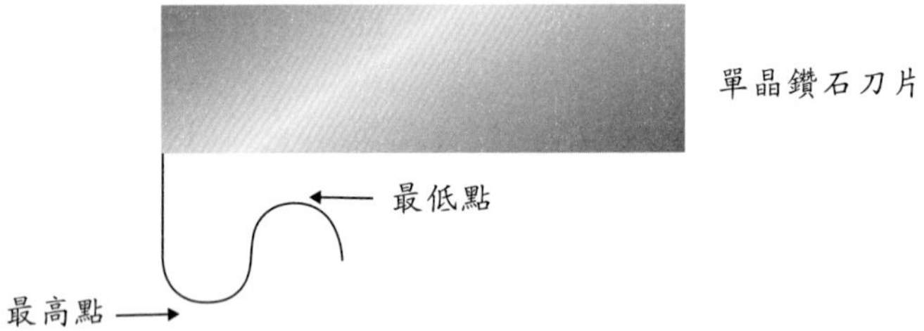


圖四

如此才能供給精密工具機用。

也許大家會問，鑲鑽石有沒有什麼學問？這當然是有的，要將鑽石鑲嵌到一個工具的表面上，必須經過一些化學工程的程序，所用的材料以及火候等等都不能有所差池，否則鑽石可能不均勻，甚至可能會掉落。這些技術就是關鍵性技術，也是這種公司的商業機密。一家這類公司之所以能夠成功，就是因爲他們在這一方面做了很多的研究工作，使他們握有這種關鍵性技術。至於如何使刀鋒變得非常平滑，那更加是因爲他們的工程師有很多的經驗，別人要趕上是不容易的。

我們國家一定要往精密工業的方向前進，精密的設備必須依靠精密的零組件，而精密的零組件又必須依靠精密的工具。鑽石工具就是一種精密的工具。我們應該感到高興的是，我們國家有這一種技術，但是也必須要承認，有些先進國家有更新更精密的鑽石砂輪，所以我們一方面要感謝這些工程師的努力，也要鼓勵這些工程師接受挑戰，更上一層樓，使得我國的鑽石砂輪更加精密。

# 31

# 台灣自己設計製造的導電粒子檢驗器

我在先前曾經介紹過我們國家會做導電粒子，導電粒子的主要用途是在面板的封裝上。面板的邊緣有很多的積體電路，電路的接腳要和機座的接腳相連，導電粒子就可以達成這個任務，如圖一所示。

每兩個接腳中間必須至少要有二十個以上導電粒子，這樣才能有足夠的電流通過。所以在我們的面板必須要有一個導電粒子檢驗器，主要是要檢驗每一個接腳有沒有至少二十個導電粒子。當

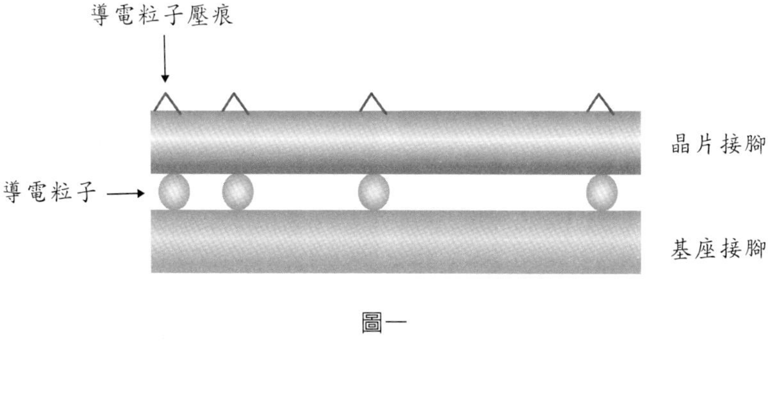


圖一

然，我們其實是看不見導電粒子的，因爲我們所看到的是晶片接腳，但是在封裝的過程中，封裝機會對晶片施以一種壓力，所以導電粒子如果存在某一個地方，它就會產生一個壓痕。光學儀器是可以偵測這個壓痕的，如圖二。

一個晶片對接銲點寬度小於一百微米，所以我們導電粒子檢驗器是一架相當精密的設備，每三秒要查看一千七百個接點，每一個接點都要報告有沒有足夠的導電粒子。

一架導電粒子檢驗器當然都要有光學系

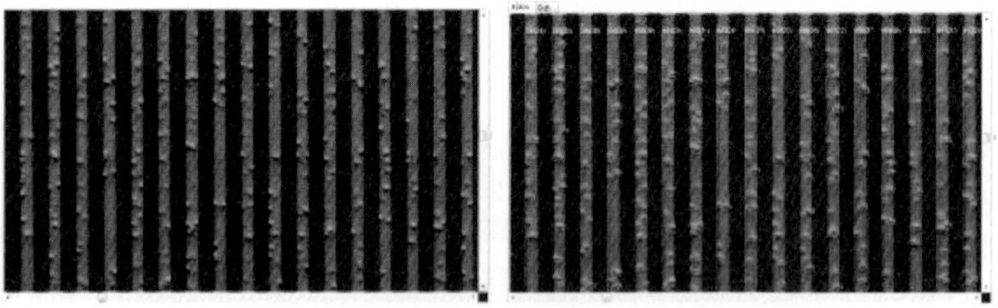

圖二

統，光學系統產生一個圖像，檢驗器一定要有一個圖像分析（image processing）軟體，這個圖像分析軟體是我們自己的工程師寫的，可以偵測到導電粒子所產生的壓痕。這個檢驗器的光學系統必須能夠很準確地對一個接腳瞄準，我們要知道這個接腳是很小的，所以這架設備是很不容易做出來的。最難的部分還是要能夠在三秒鐘之內掃瞄一千七百個接腳，每一個接腳都不能漏掉。

要設計這麼一架設備，工程師必須懂得機械、電機、光學和軟體。對於很多同學來講，這也許是一個幾乎不可能的事。在大學學會任何一個學問都不容易的，但是我們也不要擔心，因爲一個工程師的學問不能完全靠大學完成，必須在職場上吸收新的知識。負責設計這架機器的工程師有二十年的經驗，他從設備維護工程師做起之後，接續從事生產設備組立、電路設計、軟體設計、系統設計。我也在此鼓勵所有的設備維護工程師在工作中設法了解你們個人周邊機台設計設備的原理與需求、核心重點所在、心中存在於個人如果要從事生產機械設備該有的逆向工程想法能力與基礎技術學習方向，以落實實作創新改進，久而久之，你們就可能變成設備的設計工程師了。

我們要知道，我們國家以製造工廠的規模來講，大概都不太可能和大陸同樣工廠的規模相比。大陸的市場比較大，需求當然也就比較大，所以它們常常會有大廠，可是我們國家最近有一個很好的現象，那就是我們的設備工業已經起飛，也就是說，我們的製造工廠也許規模不是世界上最大的，可是我們往往已經可以設計非常精密的設備。那些製造工廠不論規模有多大，都有可能向我們購買。

我國現在檢查導電粒子的設備，一台賣價都是千萬台幣等級，並陸續在接單量產中。值得一提的是，這個設備的設計時間長達五年之久，當然這是值得的，因爲別人要趕上就不容易了。在全世界，除了台灣以外，只有日本和韓國有類似的機器，我國的設備都是直接與國際級設備商直接參與同步競爭。

# 32

# 我們已能設計並製造雷射印表機

雷射印表機並不是一個簡單的設備，各位可以慢慢地從我的文章中看出這是一個相當精密的儀器。我們能夠自己設計而且製造這種設備，其實也不是一件容易的事。首先，我們要解決一個問題，那就是我們常常要送好幾張紙到印表機的光學系統，可是印的時候當然是一張一張地印，所以我們要怎麼做呢？請看圖一。

我們可以從圖二看出來最上面的一行有一些點，最下面一行的點數比

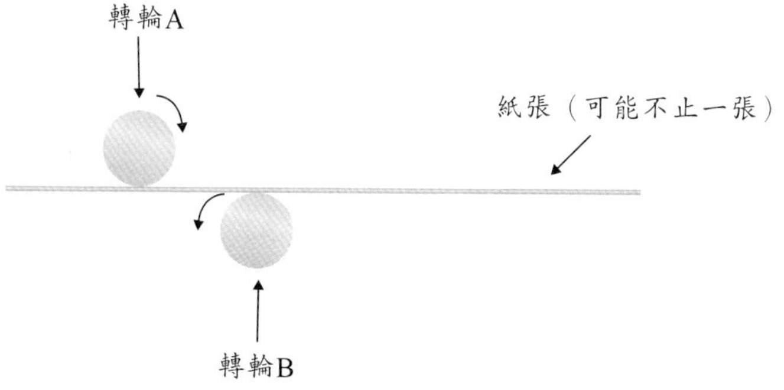


圖一

較多。每一行有五千個點。現在我們要講的是，到底這些小黑點是如何形成的。其實這些小黑點都是碳粉落在紙張上。一張紙也沒有關係，因為下面轉輪的摩擦力比較大，所以紙張還是進去了。大家不要小看這個問題，因為摩擦力的大小是很重要的，兩個轉輪的摩擦力究竟該多大，是要經過很多實驗和計算才決定的，決定以後要請一個廠商製造合乎這種規格的轉輪。我們應該感到驕傲的是，我們的轉輪是國人自己的工廠製造的。也就是說，我們的工廠可以製造合乎摩擦力規格的轉輪。

我們的印表機紙張上當然會有圖案或文字，我們的印刷並不是一個一個字印刷的，而是一行一行印刷的。一張紙可以分成七千二百行，如圖二所示。

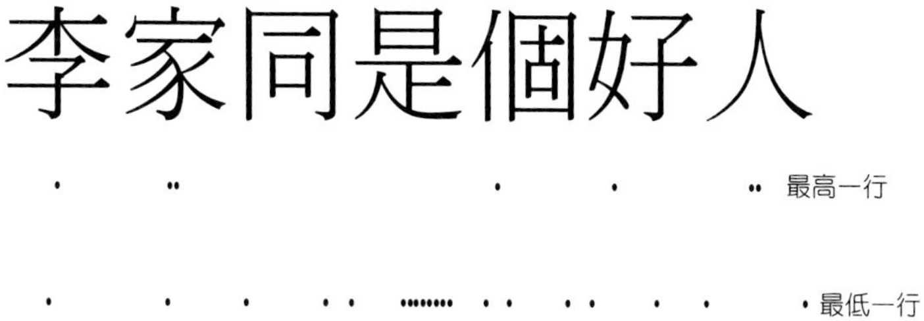


圖二

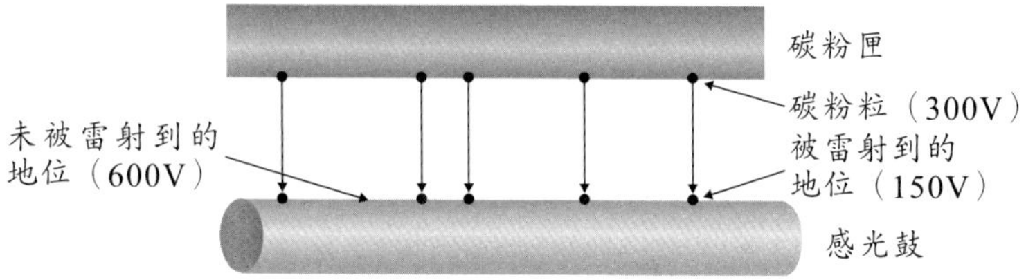


圖三

我們可以看出來最上面的一行有一些點，最下面一行的點數比較多。每一行有五千個點。現在我們要講的是，到底這些小黑點是如何形成的。其實這些小黑點都是碳粉落在紙張上，請看圖三。

雷射印表機裡有

一個碳粉匣，也有一個感光鼓。碳粉匣（顯影滾輪）的表面有三百伏特的電壓，感光鼓的表面電壓相當高，所以碳粉是不會無緣無故地落下來的。可是，如果感光鼓上面的某一點被雷射所打到，它的電位會降到一百五十伏特，因爲顯影滾輪的電位是三百伏特，高於感光鼓上被雷射打到某點的電位，帶正電碳粉粒當然會從高電位處掉到低電位處。所以感光鼓上就有一個碳粉點。我們要知道，雷射是在感光鼓上不斷地擊射，所以很多碳粉會掉下來。最後的結果就是感光鼓上有一行上面有很多碳粉。

碳粉如何跑到紙張上呢？請看圖四。

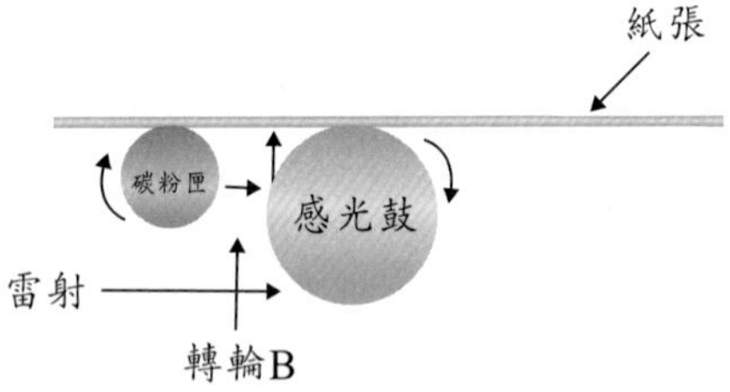


圖四

我們可以從圖四看出，雷射先打到感光鼓的某一點，這一點的電壓會變成一百五十伏特，感光鼓順時針轉動，碳粉匣的電壓是三百伏特，所以碳粉會掉到這一點。因爲感光鼓繼續轉動，碳粉最後會跑到紙張上去。

這事情還沒結束，因爲我們必須要用一種熱壓的機制將碳粉牢牢地壓到紙張上。這個熱壓的機制也是用了一個轉輪，可是這個轉輪上的溫度高達攝氏一百八十度。這是很可怕的溫度，當使用者打開印表機的時候，溫度要立刻降下來，否則會使人受傷。這個熱壓的機制也是我們自己設計的。

目前我們的機器，一秒鐘可以處理一張紙。這張紙上下七千二百行，左右五千行，一共有三千六百萬點，雷射必須在一秒鐘內擊發三千六百萬次。從任何一個角度來看，這都是一件不容易的事。

一個雷射印表機最重要的就是要有一個積體電路來控制所有的操作，這個積體電路大致上來講要做以下的事情。

1. 印表機的光學系統，將紙張上的影像送到積體電路。
2. 積體電路開始影像處理，比方說，我們國家的印表機的光學系統可以允許你送紙的時候是斜的，可是印出來時完全是正的。這是因爲軟體將一個斜的影像變成正的，而且也使得它變得非常清晰。
3. 積體電路會指揮雷射根據影像擊發。
4. 積體電路也要控制所有儀器內的馬達，一個印表機，單單轉輪就差不多有十個之多，它們都是由馬達控制的。

從以上幾點看來，要做好一架雷射印表機，首先需要的當然是機械工程師，舉凡機構設計、馬達控制、轉輪規格等等，都是他們的事。再者是電機工程師，因爲印表機裡面有相當多的線路都要由他們負責。第三是光學專家，因爲我們要取像必須先有光學系統。第四則是軟體工程師，他們要負責積體電路裡面的很多控制及影像處理的工作。

印表機要多久才能設計完成是大家難以想像的，這一架雷射印表機花了這家公司的工程師長達十年的努力。很多細節都要一一克服，但是最後還是成功了。我們要知道，這種設備很難有山寨版，很多小的細節只有這家公司的工程師知道，就算你將設備拆開，也不知道當初是如何設計出來的。

我們會做這種設備，當然也應該鼓勵他們往更精密的半導體製造設備邁進，那些設備更加值錢。在我看來，他們應該有這種能力。

# 33

# 我們有相當不錯的雲端軟體系統

最近我們國家成天提到一個名詞，那就是「雲端」。所謂雲端系統無非是有一個伺服器，這個伺服器當然不是自己的個人電腦，可能在校園裡，也可能在公司裡，你的電腦就可以經由網路和這個伺服器連起來，雲端系統可以將你所產生的資料放到這個伺服器上。可以想見的是，你的資料就有了備份，而且也可以和別人分享。比方說，一個教授的研究群就可以利用這個系統，大家在全世界任何地方都可以將研究的結果送到這個伺服器，也可以看到同學們的研究結果。教授和學生可以同時改論文，一家公司的負責人可以在任何時間、任何地方看到公司內部的狀況。

一個好的雲端系統，大致說來應該要符合以下的幾個條件：

1. 這個雲端系統的裝置一定要非常簡單。

2. 伺服器萬一有問題，你的資料不會消失。

3. 你上傳的檔案有可能一改再改，可是雲端系統會保證你當初所送上去的版本都永遠存在。

4. 如果有一人以上同時在處理一個檔案，只要有一個人鎖住了這個檔案，別人就不能使用。

5. 這個雲端系統不僅僅是一個放資料的地方，也應該可以讓人搜尋資料。舉例來說，一位公司的負責人可能要找到所有最近和他們有來往客户的某種資料，這個雲端系統要有這種能力，使這位公司負責人得到他所要的資料。

值得我們高興的是，我們國家早就有這種雲端管理系統。它不僅僅是一個可以放資料的地方，也是一個資訊管理系統。不同之點乃是在於它位於遠端。

這個雲端系統雖然是相當大的軟體系統，但是要在你的伺服器上裝置，是不需要有人被派來安裝的。他們可以用遠端裝置的方法，很快地就將這個系統安裝在你的伺服器上。

任何人要使用這個系統，當然都會連線到一個伺服器上。但是，資料一旦送到這個伺服器，雲端系統就會立刻複製你的資料，還放在另一架伺服器上。有些時候原來的伺服器是在大學校園裡的，大學常常會要做電力系統的檢修，就會造成大停電。可是如果你使用這個系統，停電也沒關係，因爲他們有複製的功能。

因爲有複製的功能，所以資料是比較安全的，因爲病毒入侵一個伺服器當然可能，可是你的資料也存在另一個伺服器。如果兩個伺服器都被病毒入侵，機會當然小得多。

這個雲端系統有一個很大的特點，那就是它有版本控制的能力。舉例來說，有一位教授寫了一本教科書裡的一章，寫了十幾分鐘以後，他就會上傳一次，再寫十幾分鐘，他又會上傳一次，可是從前上傳的版本，雲端系統都會予以保留。有可能這位教授在找尋他當初寫過的一段資料，當時是寫在第九章，現在再去看第九章，發現當時的這些資料不見了，他可以經由版本控制的機制，一個版本、一個版本的往回找，很快就可以找到了原初所寫的那段資料。這一類的事情其實是會發生的，我們同學有的時候想到當年他寫的程式反而是比較好的，他可以經由版本控制把那一個比較好的程式找出來。

還有一個特色，假設一位教授和他的學生共同寫一篇論文，如果這位教授發現某一個地方要修改，他修改的時候，就絕對不能讓學生也同時修改。如果同時修改，會搞得四不像，乃是一個大災難。這個系統會允許這位教授將這個論文鎖住，在這段鎖住的期間，只有他能夠修改，等到他修改完畢，就會開鎖，他的學生才可以修改。當然他的學生在修改時，也應該將文章鎖住。

當然這個雲端系統不是只有放資料而已，我們還可以利用它們的行事曆、電子郵件、電子簽核等等功能。這個雲端系統還有更多的資訊管理功能，有些社會福利機構就可以將捐款管理、人事管理以及服務績效等等系統在這個雲端系統上把資訊串聯起來。

任何一個雲端系統都不難，這個雲端系統之所以有用，是因爲這個雲端系統內部用了一個國人自行開發的資料庫管理系統。我們國家很多的大型資料處理系統，比方說，某一種警政系統就已經使用了這個資料庫管理系統。也就是因爲我們有自行開發的資料庫管理系統，我們的雲端系統就可以發展得非常好，可以替客戶發展出很多的系統。

這個資料庫系統當年開發時是接受我們國家政府支持補助的。資料庫系統是一個很難的軟體系統基礎技術，我們當然很高興我們國家有能力做出一個好的資料庫系統，也知道它已經賣到很多不同的國家，用在很多不同的應用系統上。所以我們更應該鼓勵國人使用我們國家自行開發的資料庫管理系統。

我們國家有很多重要的資料處理系統，比如說警政系統、交通運輸轉運站系統、某一家大型客運公司的系統、法律法源資料庫、銀行的印鑑系統等等，都用了這個資料庫管理系統。在國外也有大型資料處理系統，比如說日本的有二千五百家連鎖超市的系統、一千家連鎖加油站的系統、大型百貨公司銷售系統。還有歐洲和中國的銀行支付系統等等也用了這個資料庫管理系統。這是值得我們大家感到高興的事。政府應該知道，軟體應該盡量地由國人自行開發，用外國人所寫的軟體，對國家安全是不妥當的。我們應該說，自己的軟體自己做。世界上眞正被人使用的大型資料庫管理系統，其實是不多的，我們國家有這種系統是一件値得大家高興的事。

最後，我還要介紹這個軟體一個很好的機制。電子郵件對大家都重要，有的時候我們要用電子郵件送一份較大的資料給朋友，絕大多數的電子郵件都不讓人送大資料的，這家公司的電子郵件系統可以避免這個問題。我們只要將資料放到雲端系統的一個資料夾，然後對方收到以後，即使他沒有使用這個雲端系統，只要點選一下連結，就可以下載資料了。這是相當方便的一種做法。

# 34

# 台灣的精密零組件

我們國家最近常常很輕鬆地談我們要發展自動化，有時候自動化這個名詞還不夠吸引人，就將自動化這個名詞改成機器人。我們應該要知道的是，我們的國家已經不是一個普通的國家，我們的自動化也不能夠是普通的自動化。應該有的是精密的自動化，或者應該說是精密的機器人，而精密定位平台就是工業精密機器人的代表。也就是說，這個機器人的定位平台將一個東西從A處移到B處，速度必須非常快。可是不僅要快又要穩，到達目的地就要立刻煞車，而且和目的地的誤差又要非常之小。以半導體工業來講，這個機器人定位平台是將一個晶圓送到電子顯微鏡的下面，如果在電子顯微鏡下面的部位不對，所看到的會是錯的影像，所以我們的機器人一定要把它放在毫無問題的地位。

我們現在已經有這種技術，我們的機器人定位平台速度可以高達每秒鐘五米，定位的誤差只有十奈米（一奈米是十億分之一米）。這實在是很不錯的成績。這個機器人定位平台其實是在高度眞空的環境下操作的，所以我們可以想見的到這個系統有多難，因爲這個系統必須符合眞空環境的需要，它的製作也都非常特別，不是普通處理技術可以派上用場的。

一個精密儀器當然一定要有精密零組件，請見圖一。

這個零組件是機械上常用的，叫做線性滑軌。上面的滑塊是在滑桿上行動的，滑塊的速度可以到達每秒五米，加速度可以到達50 $m/s^2$。

這個線性滑軌可以有兩根，這兩根是互相平行的，如圖二。

我們可以看出兩個不同滑軌上的滑塊是互相獨立的，但是在高速

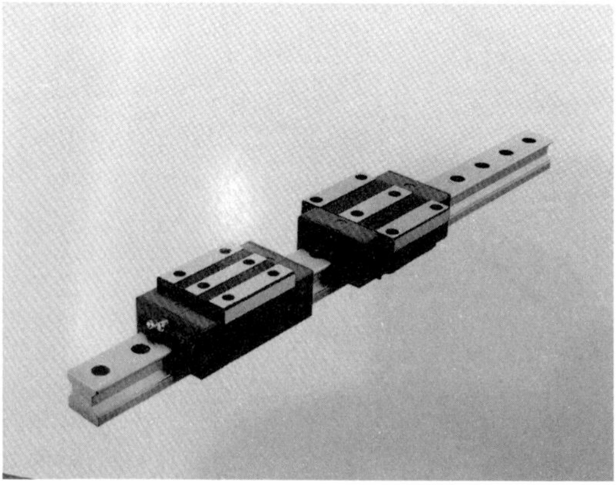

圖一

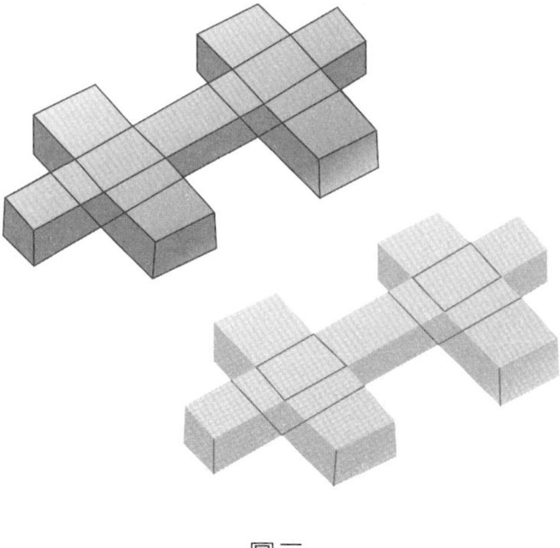

圖二

行進時，兩個相對應滑塊之間的差距不能超過五微米（一微米是一百萬分之一米），對平台的平行度不能超過三微米。也就是說，左右兩對滑塊的速度要完全一樣，停止的時候也要停在幾乎完全一樣的地方。這需要非常穩定的滑軌，而且滑塊和滑軌中間幾乎是完全沒有摩擦力的。滑塊和滑軌之間有一個滾動元件，這個滾動元件表面的粗糙度一定要小於〇．三微米。

以上所講的這些零組件內，都有東西在動。這些東西之所以會動，當然是由馬達驅動的，要驅動馬達並不是難的地方，但是要使馬達的驅動表現得非常精密，這就又要靠所謂的控制系統。我們國家現在就有這種能力能夠做出相當精密的控制系統，這是令我們感到高興的，我們國家的確是在進步之中。

# 35

# 我們有非常特別的二極體

二極體是一個電機工程師都知道的東西，圖一是一個二極體的示意圖。

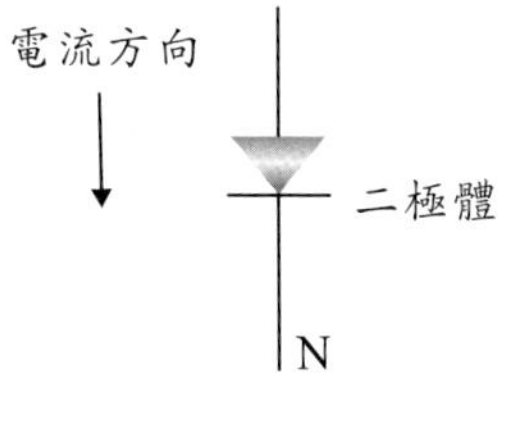

圖一

二極體最大的特色就是電流只有一個方向，不可能反過來。有的時候我們要將交流電轉換成直流電，交流電就不斷地有兩種方向，如果要轉成直流電，二極體就可以派上用場。當然事情也不是那麼簡單，我們起碼要有兩個二極體才可以完成工作。這種將交流電轉換成直流電的線路，叫做整流器。

本來整流器也就到處都會被用到，可是有一種情形就嚴重了，那就是在汽車的引擎裡也要有一個整流器，因爲引擎轉動可以產生電流，但是這種電流是交流電，我們所要儲存的是直流電，所以引擎裡頭都有整流器。整流器的主要零組件就是二極體。麻煩來了，引擎內部的溫度高達攝氏二百五十度，再加上二極體會有高達五十安培的大電流通過，因此溫度又會再增加。所以我們的二極體就必須要耐高溫才行。

車用的半導體零件中最難做的，就是在引擎蓋下的部分。因爲車子是不允許任何零組件發生問題的，如果車子在行進中發生問題，車廠要賠很大的金錢。因此，車子對於零組件都有非常嚴格的規格。以引擎內的二極體而言，它們的規格是：車子走了十萬哩以後，每一百萬輛車只能有一部車的二極體有問題。也就是說，我們的車用二極體必須是一個非常穩定的二極體，在非常惡劣的情況之下，它不會有問題。這種二極體當然是相當貴的，也要有特別的方法來製造。請看

圖二。

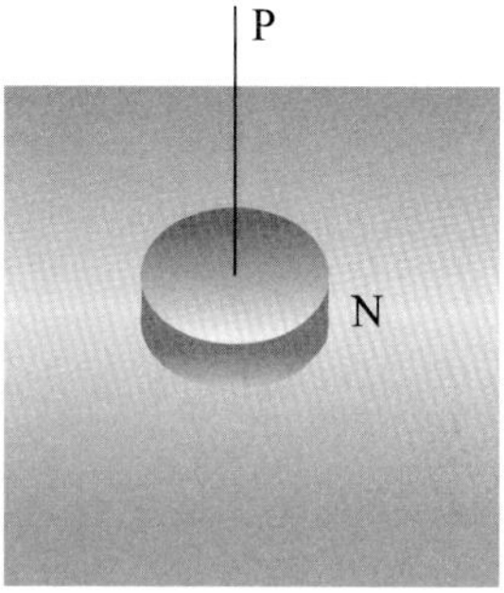


圖二

我們發現車用二極體的一個端點變得很大，不是一條金屬線而已，而是一個圓形的東西。這個端點當然是和一個金屬板相連的，因爲金屬板很大，所以熱可以散走。但是問題來了，這麼一個大的端點，如何能夠和金屬板相連呢？過去我們熟悉的焊接方法是不能用的，理由很簡單，焊接是不穩定的，過一陣子就會有問題，所以要用另外一種方法。這個方法其實是大家很熟悉的，就是木匠常用的卡榫。請看圖三。

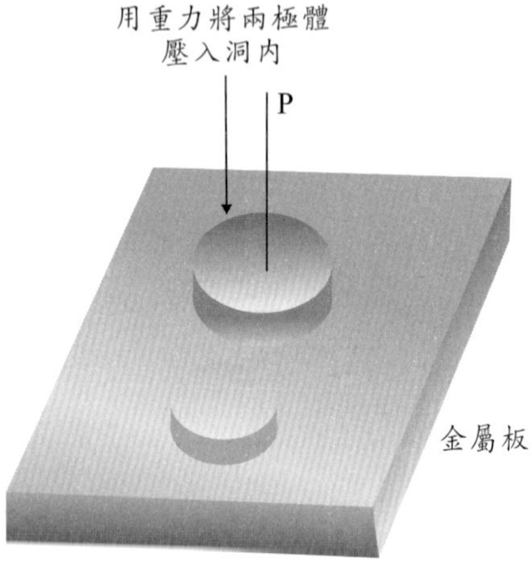

圖三

我們將金屬板上打個洞，這個洞要比二極體的大端點稍微小一點，我畫得不很準確，請各位原諒。然後我們用重力將這個二極體打進去，這個重力非常大，打進去以後就非常緊了。

可是最重要的，乃是這個二極體本身的設計和製造就是與眾不同的。它們需要自己的製程，比方說，在製造過程中，他們要用特別的化學塗料，因爲要讓大電流通過。而且這個塗料要非常穩定，十幾年後仍然不會破裂等等，所以這個製程本身就是公司的秘密。公司也有自己的工廠，可以製造這種特別的二極體。有趣的是，這個製程本身非常特別，但是所需要的儀器卻又是非常簡單的，並不需要非常昂貴的半導體設備。

希望大家了解的是，汽車公司是不會輕易買這種零組件的，他們當然會非常地愼重。公司的負責人告訴我，有一次有幾位來自法國車廠的工程師詢問他們的製程和設計，看了報告以後，一小時內要叫這家公司的負責人回答三十個問題。可見得他們多麼地愼重。

我們國家的半導體工業也要注意，我們應該往特別的方向走，應該要會做別人不會做的東西。這家公司的車用二極體就是一個例子，因爲他們極端保密，也不會在大陸設廠。可是他們的產品是用在很多外國著名的汽車上，並不受到大陸的威脅。

他們花了整整五年才做出外國大車廠肯買的二極體，這種投資是值得的，因爲別人要趕上，相當困難。而且車廠一旦用了你的零組件，通常他們不會換。値得注意的是，他們會要求你在十幾年內仍然要能夠供給他們這種零組件，不能說兩年之內就不再生產了，這是不行的。

我們有的時候實在不必害怕大陸對我們的威脅，我們的競爭對手不該是中國大陸，而是全世界。

# 36

# 大海撈針的技術

假設你是一個農業專家，花了很多的時間培育出一種特別的果樹，這個果樹的特別之處乃是在於它比較不怕某一種傳染病。這個品種當然是非常有價值的，也在政府單位有登記。問題是，假如別的樹苗農場販賣這個品種的樹苗，會不會有問題？也就是說，買家當然希望可以確定他所買的樹苗的確是這個品種。

我們要知道，這不是一個容易的事。雖然這是一個新的品種，但是它和其他樹苗品種的外觀是差不多的，它的DNA和別的品種的DNA是非常相像的，因此我們要用一個方法來找出這個品種在DNA上的特徵。

先說DNA，DNA究竟是什麼，我沒有辦法在這裡講清楚，這是相當複雜而有趣的東西。簡單來說，它是存在細胞裡頭的一個很長的東西。這個東西是一連串的化合物，大自然在幾億年前就合成了四種化合物給DNA使用。我們通常將這四種化合物用a,c,g,t來代表。以下就是一段生物的DNA。

accgttccgtaccgtagttcttaatacctaataagttctgtatagtcgatctggtacggtaggtc
catg

現在我們看另外一段DNA：

accgtgttccgtaccgtaatacctaataatacctaataagttctgtatagtcgatctggtacgg

這兩段DNA看上去是有點相像，可是中間有一個特別的地方，那就是在上面一段DNA有以下的字串：

P字串：gtaccgtagttcttaatacctaa

第二段DNA有以下的字串：

Q字串：gtaccgtacctaa

兩者有什麼關係呢？它們有一個有趣的關係，我們將這些字串分成三種字串：

A字串：gtaccgt

B字串：agttcttaat

C字串：acctaa

因此第一個P字串gtaccgtagttcttaatacctaa是ABC，而後一個Q字串gtaccgtacctaa是AC。你們如果仔細看一下就會同意我的說法。

也就是說，第一個物種和第二個物種有百分之九十九是相似的，可是仍然會有特別不同的地方。我們所講的DNA，大概是有五．二三億個字，假設我們有XDNA和YDNA，長度都是五．二三億個字，我們的任務是要在XDNA和YDNA中找出A和C，而A和C的長度都一定要是十八到二十二個字。也要找到一個B字串，它的長度是大於五十個字。ABC存在於XDNA，AC存在於YDNA。我們可以說這種特色就是我們物種的特色，別的物種不會有完全一樣的特色。

現在我再舉一個例子：

XDNA: accgtttgaggtcgat cgtattgaccgtggttcgtaaa actgactgacttagcat caaatg atcatgactgcgtactaaggttcaatccatg acggtgccatgccatgggtccc gttaaacgtacgacg

YDNA:

Cggtagtaaacgttagtcgtacat cgtattgaccgtggttcgtaaa acggtgccat gccatgggtccc

tggtaacggttacgatgcgtaactgcgcgtcgtaaccgtatgccgtagttacggtaaatccta
tgcgta

以上的DNA中有空格，這是因爲我們要方便搞清楚所謂的ABC字串。其中的ABC字串如下：

A cgtattgaccgtggttcgtaaa

B actgactgacttagcatcaaatgatcatgactgcgtactaaggttcaatccatg

C acggtgccatgccatgggtccc

我們可以看出來，在XDNA中有ABC，YDNA中有AC。

假設我們要知道所買的苗種是否眞的，我們可以查它的DNA。它的DNA可以叫做XDNA，和別的苗種相比，XDNA一定有以上的特色。如果沒有，就不是我們所要的苗種。

這個問題主要是要靠電腦的演算法來解決，因爲XDNA和YDNA的長度都是五．五億左右，雖然工作人員還有一些資訊，這個工作仍然幾乎是大海撈針，如果沒有好的演算法，那是絕對沒有辦法解決這個問題的。值得慶幸的是，台灣有相當多的教授是演算法的專家，所以我們有不少的軟體工程師不是只會寫簡單程式的，而是可以設計程式，解決相當困難的問題。我們最近已經成功地發展了這個程式，而且實驗證明這個程式的確解決了這個問題。

當然，這個程式也可以保護智慧財產權，如果有人侵權的話，可以用這種方法來判斷。

我也希望我們的資訊系同學都應該多學演算法，因爲很多非常值錢的程式都使用了相當巧妙的演算法。

# 37

# 震動極小的LED檢測機

LED是大家都知道的玩意兒，現在的燈泡很多都是用LED做的。很多半導體也是LED產物，就像IC有一個晶圓，半導體的晶圓和IC晶圓是差不多的，只是小一點，如圖一。

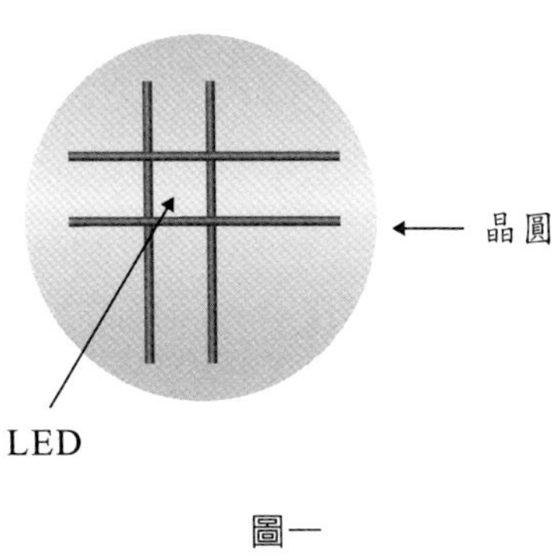


圖一

晶圓當然都是圓的，晶圓裡面有很多小的LED，每一個都要經過檢查。檢查的時候我們要用一根探針，探針可以查出某一個LED夠不夠亮，也要同時檢查很多其他的特性。我們的晶圓是放在一個基座上，基座會移動，移動以後探針會降下來，很快地又收回去，等待基座再移動，探針會再降下來，如圖二所示。

我們可以說整個機器的大致動作如下：

①基座移動，使探針在某一個LED的上面，然後停止。

②基座停止以後，探針降下。

③探針完成工作以後，基座再移動。

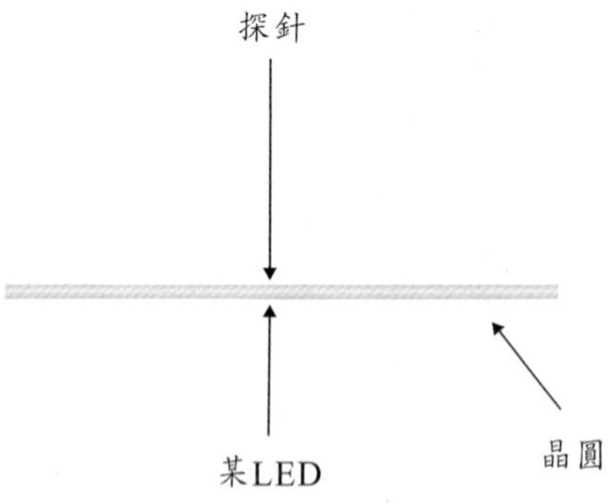


圖二

基座移動的速度是高達一百五十米/秒，可是從移動到停止的時間又非常之短，只有〇·〇六五秒。可以想見的是，這個基座一下被加速，很快地又被減速，免不了有一些震動，就像我們開車的時候緊急剎車一樣。所以雖然我們說基座是停下來了，它總是有一點前後的移動。在這一段移動的時間內，探針仍然是接觸到晶圓的，所以探針就會感覺到一些摩擦力，也就是說，探針會有一點磨損，時間長了以後，這根探針就會被損壞了。所以對於這種檢驗設備的工程師來講，他們要完成的LED檢驗器，不僅僅在賣給客戶的時候會有良好的表現，而且要保證客戶使用了多年以後，這個檢驗器仍然沒有問題。

任何一個機械都有一個自然震盪頻率，一個機械總是有能力儲存一些能量，比方說，我們小時候玩的盪鞦韆就是一個很好的例子。小孩子坐在鞦韆上，大人在後面推他一把，鞦韆就往上盪上去，我們可以說鞦韆儲存了一些能量，這個能量使得它會左右搖擺，當然因爲空氣還是有些阻力，所以這個搖擺最後還是會停下來的。但是有非常特殊的情況，當這個孩子玩得正高興的時候，他的爸爸在這個情況下推了他一把，這一下可能使這個孩子嚇壞了，因爲鞦韆會盪得非常高，完全出乎這個孩子所料，當然我相信這個爸爸也會嚇壞了。爲什麼會發生這種事呢？因爲鞦韆有一個自然震盪頻率，如果鞦韆震盪在這個頻率的時候，這個好心的爸爸又對它輕輕地碰了一下，這個鞦韆就會大爲興奮。在別的震盪頻率之下，這個爸爸輕輕推一下是沒有關係的。

一九四〇年美國華盛頓州有一座Tacoma Narrows Bridge忽然斷裂，這是因爲當時有一陣風吹過，而這陣風的頻率就是這座橋的自然震盪頻率，所以這座橋就眞的震盪起來，造成一個令當時人不解的悲劇。

還有一個現象也是很有趣的，那就是有一種歌手，當他用某一種高音唱歌的時候，可以將香檳杯震破，這也是因爲這個歌手的頻率是香檳杯的自然震盪頻率。

要設計一個不太震動的LED檢驗器，工程師的第一個工作就是要決定這個儀器的自然震盪頻率，這不是完全靠經驗的，必須要靠很多的數學分析以及實際的物理實驗。然後工程師要巧妙地修改設計，使得這個自然震盪頻率愈高愈好。因爲任何一個物體都有慣性，一下加速，立刻減速，震動總是會有一點的，可是好的設計就是要使這個因慣性而引起的震盪頻率與自然震盪頻率相差非常遠，機械就會很穩定了。我們年紀大一點的人都會記得當年的汽車不論在停下以後或者剛啓動的時候，車子都在震動。現在即使不昂貴的汽車，靜止的時候就幾乎沒有什麼震動。這就是工程師的厲害之處，他們的設計會使得自然震盪頻率相當之高，如此一來，問題就被解決了。

我們國家現在的LED檢驗器是做得相當不錯的，晶圓的基座可以非常快速的移動，然後立刻停止，而沒有震動乃是一件不容易的事。我們國家過去的機械業沒有這麼多有過嚴格訓練的工程師，所以無法做出這一類的精密機械。現在我們的工程師在設計機械的時候不是完全靠直覺，他們都有很好的學識，知道如何做數學上的分析，也會做各種的實驗，當然也會做各種的模擬，使得這個機械在製造以前，就已經有把握會將震動降到最低，這樣的儀器才可以賣得掉。

我仍然要說，我們國家在往好的方向走。

# 38

# 鋰電池短路問題的解決

所有的電池在外面一定會有一個電阻，電阻的作用其實就是要讓電流通過，但電流又不能太大，因爲太大會使得電池過熱而燒掉。圖一就是這樣的一個裝置。這當然是示意圖，眞正的電池有的時候非常小，當然也有大的，所要強調的就是電阻一定要存在。電燈泡其實就是一個電阻，當電流流過這個特別電阻的時候，燈泡會發光。

假如電池的裝置出了問題，產生電阻消失的現象，比方說，電池的兩極互相碰觸，因爲電阻不見了，正極直接連到負極，電流就瞬間大的不得了，這種現象叫做短路。請看圖二。

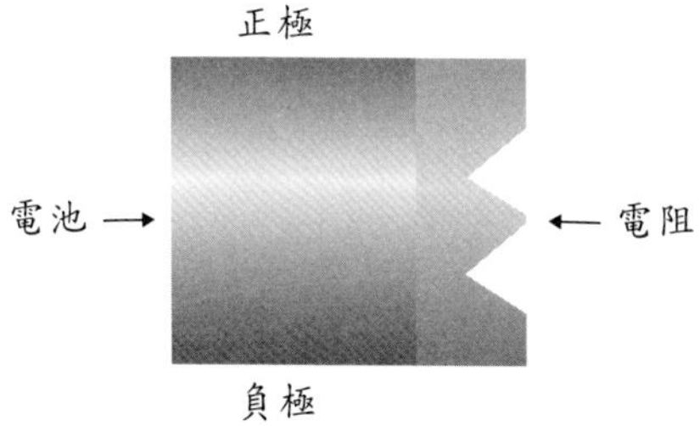


圖一

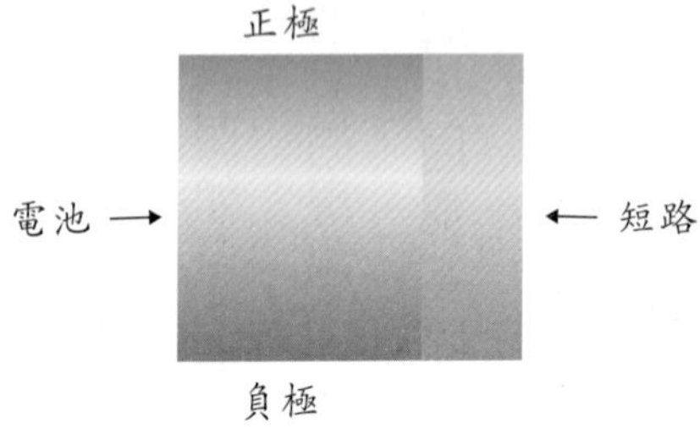


圖二

短路是絕對要避免的，因爲短路之後，電池往往會燒起來，這就相當危險了，因爲我們現在很多裝置裡面都有電池，電池燒起來當然會引起很大的災難，甚至會使人受傷。現在有很多的電池是鋰電池，如何使鋰電池在短路以後不會燒起來，這是一大學問。我們應該感到高興的是，台灣的工程師已經很成功地發展了一種叫做STOBA（Self Terminated Oligomer with hyper Branched Architecture）的技術，這個技術使得鋰電池在短路以後會立刻失去功能，也就是說它不再是一個電池了。

請看圖三，鋰電池的正極有許多正極粉末，很多帶電離子就是經由電解液跑到負極去的。如果離子跑不出來，這個就不是電池了。如何做呢？

我們的工程師利用一種叫做STOBA的粒子，STOBA是非常小的粒子，請看圖四。STOBA粒子非常小，它的直徑是五十奈米（一奈米等於十億分之一米）。這些STOBA粒子平時圍繞在正極粉體的四周，但是並不很密，所以像一個網。帶電離子平時仍然可以通過網到負極去。

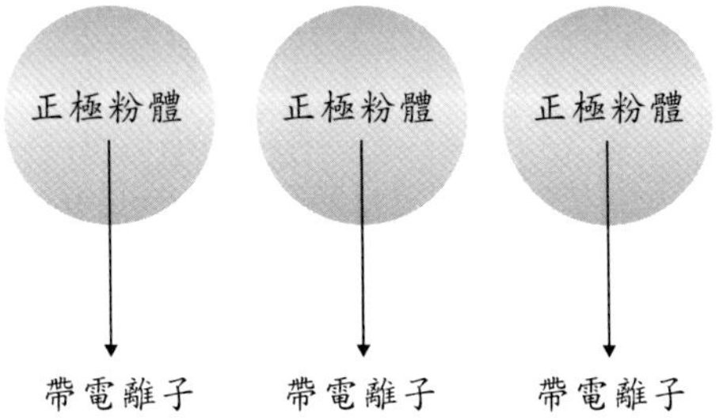


圖三

如果鋰電池發生短路，當時就會有鋰電池溫度上升的現象。一旦

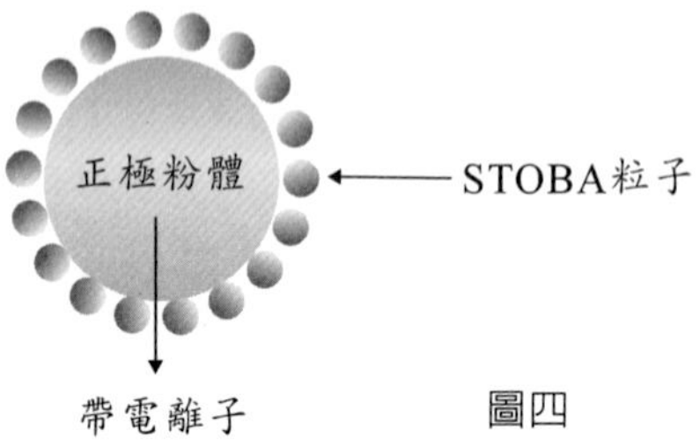

圖四

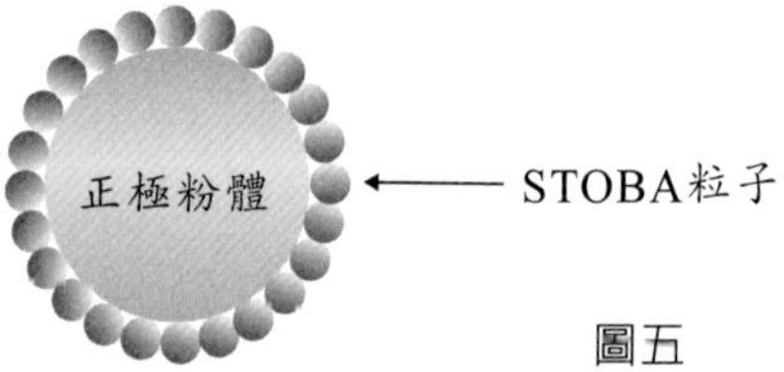

圖五

溫度上升，STOBA粒子會自動地互相手牽手地連結起來，也就是說，正極粉體外面已經不是一個網，而像是被一層牆壁所包圍，如圖五所示。這樣一來，帶電離子就跑不出來，當然電池就不作用了，但至少不會燒起來。

這種STOBA粒子的尺寸是非常小的，但是工差必須在二奈米之內，所以我們的工程師必須要做非常精密的粒子，而且要使它們能夠依附在正極粉體上，這些都是不容易的事，必須要有相當久的經驗。

國人應該知道，我們國家不應該成天想大量生產，我們總要希望我們的產品是非常精密的。值得高興的是，從STOBA粒子的案例來看，我們工程師的努力是有收穫的，應該給他們鼓勵。

# 39

# 爲什麼要砂輪對砂輪？

我們大家都知道機械工業需要工具機（machine tool），其實工具機還需要一個配件，那就是刀具。爲達成不同的目的，工具機就要配上不同的刀具，刀具是相當重要的，全世界刀具的產值大約是七千億台幣。圖一就是一些刀具的樣子。

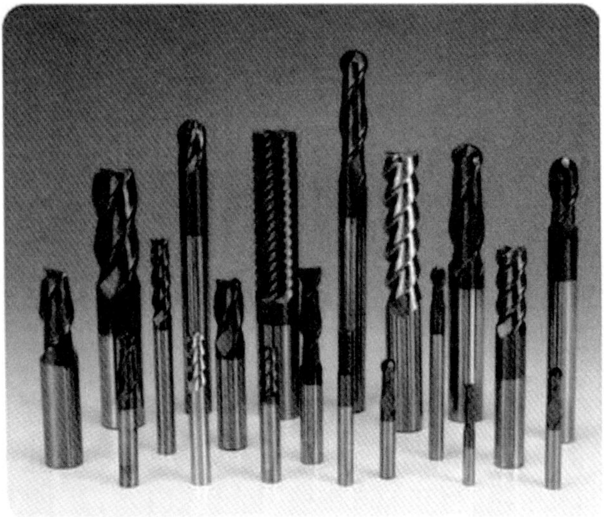

圖一

這些刀具的製造是相當不容易的，因爲刀具本身就非常硬，不能用一般的銑刀，一定要用鑽石砂輪。一些爲了製造刀具而設計的砂輪在圖二可以看見。

砂輪的設計完全由刀具公司決定，比方說它該用什麼形狀，砂輪上鑽石的密度等等，都是經過計算以後決定的。有了這種砂輪，才可以做出非常精密的刀具。刀具的工差是○．○○二微米（一微米等於一百萬分之一米）。以角度來講，工差是○．五度。

但是刀具公司拿到砂輪以後，經常要再製作一次，因爲鑽石砂輪通常是平的，刀具公司又會要將砂輪的表面凸出，如圖三，當然也可能要求凹進去。如何做出凸出的表面呢？這就靠砂輪對砂輪的技術，用一個砂輪來研磨另一個砂輪，研磨完成以後，磨對方的那個砂輪

圖二

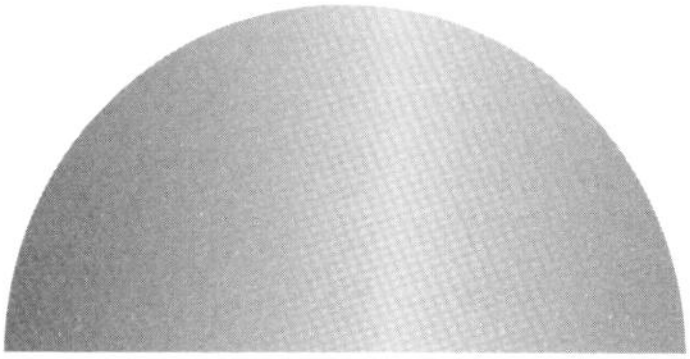

圖三

就報廢了，我們可以說砂輪對砂輪的技術，其實是犧牲小我，完成大我。

要製造任何一個刀具，在製造的過程中，必須非常謹慎，因此我們國家製造刀具的工廠會在製造的過程中，自行設計相當多的檢驗儀器。這些檢驗儀器都善用影像處理的軟體，當然也會使用相當精密的感應器。不僅如此，在製造的過程中，很多事情都要注意，舉例來說，在製造過程中當然必須噴水，可想而知的是，水的溫度會起變化，如果水的溫度起了變化，所製造出的刀具會出問題。所以水的溫度必須由一個控制系統來使它保持在某一個特定的溫度，既不能高，也不能低，這家刀具公司的工廠甚至要求整個工廠的溫度都控制在某一個溫度之上。

我們也必須承認，我們國家的刀具還趕不上幾家世界級大公司的刀具。世界上四大刀具公司控制了百分之七十的刀具市占率，其中兩家都在瑞典。瑞典是一個小國，人口大概只有五百萬，但瑞典是一個富有的國家，它們之所以富有，乃是因爲有非常精密的工業，所以我們有的時候也要設法使自己有更精密的工業。爲什麼這些世界級大廠能夠生產非常高級的刀具？乃是因爲它們本身都有自己的冶金工廠，我們國家的刀具公司資金還是不夠，無法成立自己的冶金工廠，這是很可惜的事。我們國家並不是沒有富翁，但是富翁對於這種工業常常沒有興趣，他們情願將資金放到房地產，如果我們國家很多富人的資金可以投入精密工業，整個國家會因此富有起來。

精密的機械一定要有精密的零組件，精密的刀具乃是製造精密零組件的關鍵工具，我們應該鼓勵我們的工程師繼續地努力。但是也希望整個國家能夠了解精密工業對國家的重要性，希望我們國家能夠有一種機制，使國家的資金大量地流入工業界。唯有如此，我們的經濟才能眞正的成長。

# 40

# 耐高電壓的絕緣體

大家都知道兩根電線一旦碰到，如果裡面有電壓，那就不堪設想，我們稱之爲短路，會引起大電流通過，有可能因爲過熱而燒起來，甚至會引起火災。即使沒有引起火災，也會使電路完全失控。比方說，電路裡面藏有電容器，電容器其實是兩片金屬中間夾有一個絕緣體，如果絕緣體讓電流通過，電容器就不是電容器了。在普通電壓之下，絕緣體的製造並不太困難，因爲電流大多是不會通過絕緣體的。可是如果電壓高到一個程度，我們常常說這個絕緣體會被打穿，也就是說在高電壓下，很多普通的絕緣體一定不再是絕緣體，而變成了導電體。

我們國家最近已經有了很厲害的絕緣體，可以忍受三萬六千伏特的電壓。這種絕緣體也銷售到全世界，比方說，俄羅斯電力公司需要一種高電壓的眞空斷路器，這種斷路器就用了台灣所生產的耐高電壓絕緣體。我必須說，這是相當不容易的事。大家一定會問，這種耐高電壓絕緣體到底是如何做出來的？

絕緣體的主要材料是樹脂，可是一定要加相當多的塡充料以及補強料，成爲玻璃纖維複合材料。問題在於這些補強料等等的添加物成分都是非常複雜的，任何一個添加物絕對不能太少，但又不能太多。工程師必須經過多年的研究和實驗，才能決定這些補強料的成分。

還有一點，因爲有添加物，所以這些添加物在樹脂裡面的分布一定要絕對均勻，這就需要好的混合分散技術。我們之所以有這種很高級的絕緣體，乃是因爲我們非常重視混合分散技術。

要做出這種絕緣體，必須要有相當多的檢測。比方說，我們當然要有一個耐高電壓的檢測，這個檢測設備必須能輸入十萬伏特的電壓。我們也要有一種設備使得材料能夠接受電弧的測驗，我們都知道電機裡面會有一個瞬間電流通過，火花放電就是最普通的一種，所以我們要有一個設備能夠測驗電弧對絕緣體的影響，這個電弧的電壓高達一萬二千五百伏特，時間長達一百八十到二百四十秒。

除此以外，我們還需要有許多其他的設備來測驗電和絕緣體的關係。值得大家注意的是，就以電氣檢驗設備來說，這家公司就有九種之多，而這九種設備全部都是經由合格實驗室校正且通過TAF認證的，表示這家公司的確擁有相當厲害的檢測技術。

絕緣體也必須經過機械檢驗，比方說，它是否能夠禁得起衝擊，它的表面硬度是否有問題。這家公司自己發展了多種機械測驗的儀器。但這還不夠，還需要測驗絕緣體的物理性質，比方說絕緣體的吸水率，也要測驗它受熱後是否會變形等等，所以他們又有物理性質的檢驗器、尺寸量測的檢驗器以及熱性質的檢驗器，這些檢驗設備也都是有認證的。

在製造絕緣體的過程中，工程師會利用各種的檢驗器來看製程有沒有問題，當然製造完成以後也要利用各種檢驗設備進行檢查。

要做出這種耐高電壓的絕緣體必須經過長時間的研究發展，我們很難說要做到耐高電壓的絕緣體一共要花多少時間，可是我們絕對可以說這種絕緣體的最後完成是要靠長時間經驗的累積，絕對不是任何人在短時間內買一些機器就可以完成的。也不能完全靠引進外國哪一家公司的技術，工程師必須在研究的過程中知道很多材料科學的學問，這些學問當然不是從書本上可以得到的，而是在長時間的摸索中得到的。可是一旦知道了這些學問，別的公司就很難跟上了。

最後，我還是要說，在先進國家中有更高級的絕緣體，我們雖然已經有相當的程度，但是仍然可以再加油。

我們該替我們國家高興，因爲我們有這麼多的工程師肯在某一個領域一直下苦功。

# 41

# 三層銀膠

我曾經寫過一篇文章提到銀膠，銀膠是含有銀顆粒的液體，任何地方塗上銀膠就可以導電，因爲銀是導體。在精密的電子元件中，常常會用到銀膠。現在我要介紹的是一種比較特別的銀膠，也就是說，這個銀膠裡面有大中小三種顆粒的銀粉，如圖一。

各位可以看出我們的銀膠中銀粉顆粒的大小是不同的，銀粉在銀膠中被完美分散後，每一種大小的顆粒和它相同大小顆粒之間的距離是幾乎一樣的。也就是說，大顆粒和大顆粒之間保持一定的距離，小顆粒和小顆粒之間也保留一定的距離，同時不能破壞銀粉顆粒的形狀，例如從圓球形變爲圓盤型。這個要求是相當

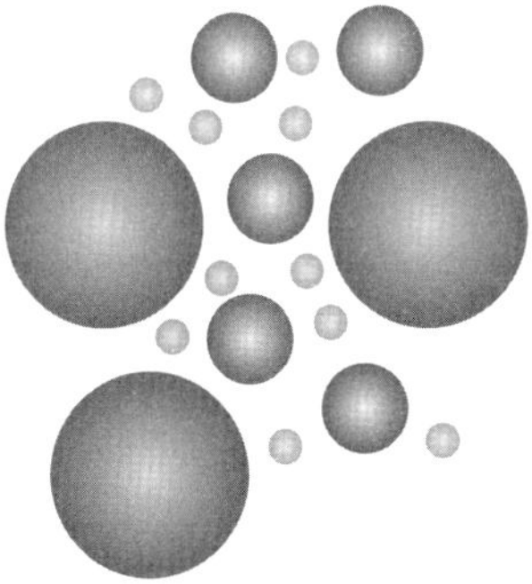

圖一

不容易的，也是我們工程師要努力的地方。

有了這種銀膠，我們就可以做出一種近似三層銀堆疊起來的導電元件。這種三層銀堆疊的導電元件在某一些特殊的情況之下是絕對需要的，這樣的結構下會讓導電元件達到最好的電性能與可靠度，圖二就是這種元件。

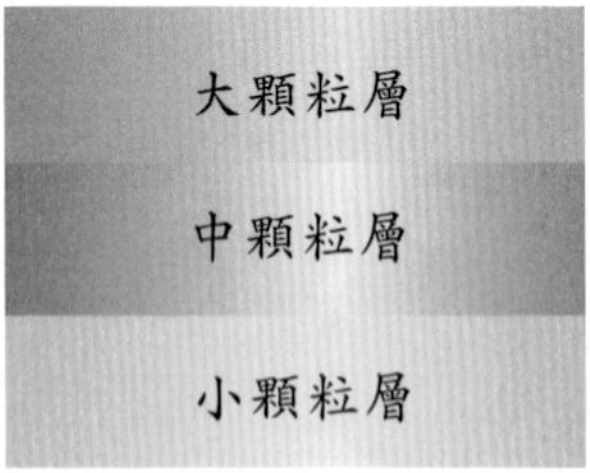


圖二

也許大家好奇，大中小顆粒混在一起，如何將它們分開的？將銀膠塗到某一個區域後，要使其發揮導電功能，是要將銀膠加熱的，加熱當然從低溫開始慢慢到高溫。以內含玻璃接著劑膠的銀膠爲例，隨著溫度升高，內含的有機類物質逐漸裂解後，在固化的銀膠內會留下許多孔洞，然後玻璃接著劑開始熔化，接下來的過程會很像在乾的沙灘上淋下一杯水，熔化的玻璃以物理或是化學的方式，像水帶著沙子一般，玻璃也帶著銀往下跑，當然顆粒越小也就越容易參與反應了，而溫度再進一步升高到銀部分熔融後，大顆粒銀粉會變大，小顆粒銀粉則會變小。因此形成了一個有趣的過程，類似低溫的時候，小顆粒先掉下去，成爲小顆粒層，然後中顆粒掉下去，最後表面都是大顆粒。

要做好這種三層銀膠，麻煩的是要加入很多奇奇怪怪的塡充料進去，以電子元件常用的銀膠爲例，最重要的塡充料就是玻璃粉，而玻璃粉中可能含有鉛、碲、硼、鉍和鋰等等不同的元素，這些元素功用各自不同，因此元素的種類以及添加量是最重要的，必須恰當，當然沒有人會告訴我們究竟什麼樣的量是恰當的。比方說，硼該加多少，任何公司都會將這個量保密。我們的工程師就要慢慢地做研究，把這個量確定。

爲什麼要加這些東西進去？有一點是比較容易懂的，那就是雖然這是一個導體，其實還是要保持一定規格的電阻，可想而知的是電阻不會太大，但又不能太小，所以這些填充料是要來使銀膠層有合乎規格的電阻。還有一點，據工程師告訴我，這種填充料加了以後，扮演了接著劑的角色，可以增加銀膠的穩定性，也就是說，時間長了，銀膠層不會破裂。

這些填充料顆粒還有一個功能，它好像是一個載體，使得小顆粒的銀粒子可以順利的落下到電子元件的表面。

值得我們高興的是，我們國家也有這種技術可以做成三層銀膠的導體。有些被動元件如電阻和電感都需要這種導體，有些太陽能板也需要這種導體。要做出這種三層銀膠，沒有任何捷徑，公司不能要求工程師在短期內做出結果出來，必須要有耐心。像這種銀膠的研究，從開始到能夠商品化，至少要五年。可是五年以後，別的人就不可能有山寨版了。所以可以說，我們國家其實不必太擔心自己會比不過中國大陸，因爲我們也有相當不錯的人才肯投資在這種極有挑戰性的技術上，他們不求近利，也該感謝我們國家有很多的工程師肯到這種公司工作。在產品未能商品化以前，他們是非常寂寞的。

要做成這種相當精密的特用化學品，有一個技術是很重要的，那就是所謂混合分散的技術。我們要將將一些顆粒混合在一起，重要的是它們一定要混合得分常均匀，不能一坨一坨的。在過去，政府不太知道這種技術的重要性，他們老是談所謂的高科技，其實我們要做好特用化學品，混合分散是一個相當關鍵性的技術，政府已經將這種技術列爲國家的關鍵性技術。我敢說，恐怕全世界很少國家會強調這種技術，但是務實的政府就應該注意這種非常基礎的關鍵性技術。

# 42

# 我們有世界上最大的三五族半導體晶圓代工公司

我們的電機工程師常常會先設計一個線路，這個線路通常會有相當多的電晶體，所以要將它設法放到一個很小的東西裡去，這個東西就叫做積體電路（integrated circuit，簡稱IC）。要製造IC，總需要一個工廠，一般設計IC的公司不見得有錢擁有一座製造IC的工廠，因此就有所謂的晶圓代工，這種晶圓代工的工廠通常不設計IC，專門替IC設計公司製造IC。

絕大多數IC的材料是矽，所以美國有所謂矽谷。但是如果我們要製造一個高功率的IC，或者要製造一個轉換速度非常快的IC，矽這個材料就會有問題。工程師會希望有一種用砷化鎵的半導體來製造IC，以電子學的俗語來講，砷化鎵屬於三五族，所以我們有的時候也稱這種公司為三五族晶圓代工公司。

爲什麼我們認爲這種公司非常重要，理由乃是我們越來越重視無線通訊。無線通訊的時候，常常需要高功率的IC，也就是說，它要能夠忍受比較大的電壓和電流。這種IC通常我們把它叫做功率放大器，意思是說這個放大器所消耗的功率是相當大的。一個簡單的例子就是長距離的發射器，可以想見的是，發射出去的訊號一定要很強，總不能發出一個微弱的訊號，微弱的訊號是打不遠的。

我們國家已經有人會設計這種功率放大器，值得高興的是，我們國家有世界上最大的砷化鎵半導體晶圓代工工廠，所以我們的工程師將功率放大器設計好以後，就可以在台灣立刻將這個IC製造出來，不需要求助於外國公司。

在未來，我們可能要在一秒鐘內送出一G的1或0，所謂一G，就是1 giga，等於十億。要在一秒鐘內送出十億個1或0，必須求助於砷化鎵半導體。虧得我們國家有這種工廠，可以使我們的工程師加以利用，製造出這種未來通訊所需要的砷化鎵IC。

也許大家會問，爲什麼我們能夠有這種工廠？道理非常簡單，我們的砷化鎵IC工廠所擁有的技術完全是自己發展出來的。如果我們的技術是轉移過來的，而我們的工程師沒有做研究，可以想見的是，我們的技術很快就落伍了。現在因爲我們有自己的特別技術，當然我們就會在世界上領先。別的公司要和我們競爭，就非常吃力了。

任何一家科技公司如果能夠不斷地做研究發展的工作，累積經驗，它所擁有的技術就會愈來愈好。我們應該高興的是，我們很多的工程師肯下苦功，花很多的時間來發展技術，而沒有急功好利。他們這種往下扎根的努力，其實也是往上提升。如果我們和這些工程師聊天，就會發現他們對砷化鎵了解的非常清楚。感謝我們國家有這種工程師。

# 43

# 我國的電子智慧財產權工業的發展

我曾經介紹我國的CPU（中央處理機）公司，我說我們現在很多的線路都需要CPU，可是又希望這個CPU是存在於積體電路內部的，因此我們有一些CPU公司所製造的CPU不是以積體電路的形式出現，而是可以將線路出售給別人，別人可以將這個CPU放進他的積體電路內部。如此一來，這個線路內部就有一個可以發號施令的CPU了。我也曾經解釋過Intel所出售的CPU是一個積體電路，可是也有很多公司專門生產所謂嵌入式的CPU。這種CPU的形式在電機這一行就叫做智慧財產權，因爲這種公司事後都會再獲得智慧財產權的權利金，也就是說，每賣出一個積體電路，就必須回饋給這家CPU公司。

智慧財產權公司不一定要做CPU，我們可以想像得到很多電子電路裡面有一些標準的線路，如放大器線路。愈來愈多的大公司會向外面購買一個放大器的線路，當然這個放大器的線路是嵌入式的，所以可以放到它們自己的積體電路裡面。這有一點像一家機械公司要設計一架儀器，總不能所有的零組件都要自己製造，絕大多數的機械公司都要向外面購買零組件的。放大器就像是一個零組件，可以賣給很多別的公司使用。

當然，除了放大器以外還有很多常用的線路，值得我們大家高興的是，台灣也有這一類的公司，他們設計了相當多的常用線路，而且外銷到世界上相當有名的大公司。這其實是不容易的，因爲所設計的線路必須夠好，大公司才能使用。

一個線路要好，有很多的要求，最普通的是要能省電，而且速度要快。我知道有一家公司的線路之所以賣得掉，與省電有很大的關係。他們的線路大多都是客製化的，所以他知道客戶的要求是什麼，會調整線路的設計。比方說，他們發現電路內的電流可以設法減少，而仍能維持原有的功能。電流一旦減少，電路就省電了。

還有一件有趣的事，那就是一個線路設計好以後，還有一個叫做佈局的問題。我現在來解釋一下何謂佈局。我們要知道，在積體電路裡面所有的元件都可以說是長方形所造成的，當然長方形的面積可能不一樣，也有複雜的形狀，比如L形，但是元件和元件之間又要拉線，如果把這些元件放在一個平面上，而要占據很大的面積，這個線路別人是不要用的，因爲積體電路的面積的確有限，絕不能浪費。假設我們要出門旅行，但是只能將衣服和一些日常用品放到一個小箱子內，常旅行的人就能夠將這些東西收納的很妥當，不浪費任何的空間，整個箱子可以完全塞滿。我本人沒有這個能力，我太太就比我能幹得多，往往可以把我所需要的衣服等等放到小箱子內。這也可以叫做一種佈局。

現在很多工程師的佈局工作是完全靠電腦的，他們會用一種軟體來佈局，大的線路大概都是如此做。但是這家公司的佈局是完全靠人工的，他們養了很多專門佈局的工程師，而且會舉行內部的切磋，也就是說，他們會給所有的佈局工程師一個不大不小的線路，但要求他們要能將這個線路在指定的大小內完成佈局，有的時候也比賽，看誰的佈局是最小的。經由這種活動，他們佈局工程師的能力愈來愈好，他們的產品才可以外銷出去。

當然他們還有很多很厲害的技術，這些技術幾乎沒有辦法能用言語解釋清楚，所以我就不講了。可是這家公司的工程師告訴我，他們的產品之所以能夠外銷全世界，而且客戶包含相當有名的公司，其中最重要的原因乃是這些工程師對於電路設計是有相當深刻的了解的。他們知道一個線路裡面其實有很多的參數可以調整，舉例來說，電晶體的gate（閘門）大小就非常有學問，太大太小都會使得電路出問題。一個電路裡面有相當多的電晶體，這些閘門的大小都要注意的，內行的人會知道這些參數應該如何調校。工程師不能只靠書本上的知識，必須經過職場上的磨練，時間一久，經驗就會豐富，所設計出來的電路就會有很好的性能。要有這種好的工程師，公司的主管一定要能夠腳踏實地地培養他們，不必好高騖遠，將工程師的基礎打好了，使他們的經驗豐富了，公司的運轉就會順利了。

# 44

# 我國已有測量極微小電流的能力

我們的電子工業常常需要量測一個物體的電阻，當然更需要量測電流，我現在舉個例子來解釋我們量測電流的情況，請看圖一。

圖一是一個二極體，當電壓上面是正，下面是負的時候，可以通電流，這種電流算是比較大一點的，並不是我今天要講的，現在請看圖二。

圖二的二極體的正負號是反過來的，上面電壓爲負，下面電壓爲正，意思是說這個二極體的電壓下面比較大，上面比較小，通常我們教科書上說這種情況，二極體是沒有電流的，

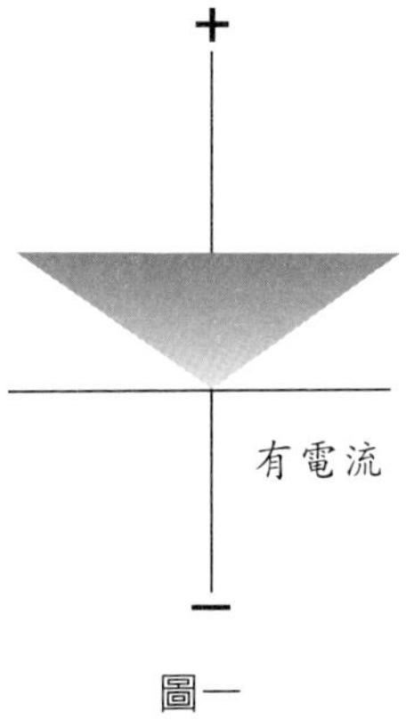

圖一

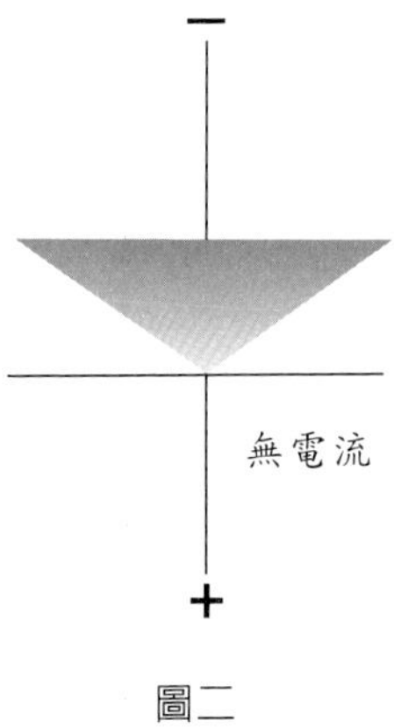

圖二

可是如果我們非常精確地去測量它，我們會發現裡面仍然有一個非常小的電流，這個電流小到什麼程度呢？這個電流通常單位爲femto安培，一個femto安培等於一千兆分之一安培，一兆等於一萬億，用數學的符號來講，一個femto安培等於：$10^{-15}$安培，這是非常非常小的電流，可是我們現在的半導體工業就需要測量如此小的電流。

我們現在先講如何測量電阻，電阻測量起來好像很容易，請看圖三。

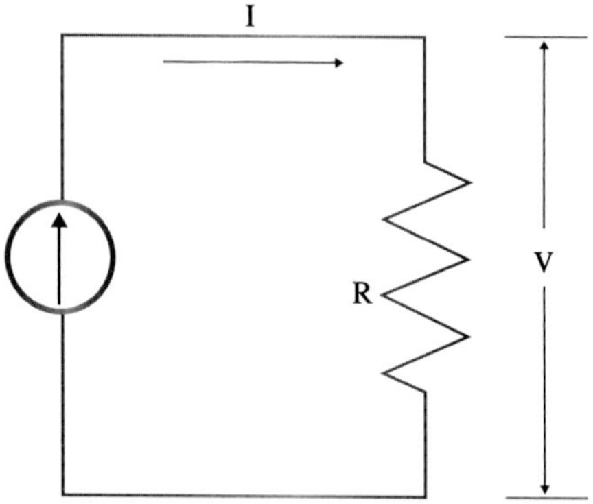


$$R=\frac{V}{I}$$

圖三

各位一定都知道有一個定律叫做歐姆定律，歐姆定律通常寫成：

$$I=\frac{V}{R}$$

V是電壓，R是電阻，I是電流。假設我們有一個電流源，然後我們將這個電流源送到我們要測量的物體裡面去，對我們而言，現在物體就是一個電阻，又假設我們已知可以精確地量出電壓V，我們就可以知道電阻R，因爲我們可以用以下的式子：

$$R=\frac{V}{I}$$

問題是我們的I有的時候要非常之小，小到一個femto安培左右，大家應該很高興的是我們國家可以產生這種非常小的電流，如何產生這種小的電流牽涉到很多的學問，我實在沒有能力在這裡講清楚，也許我們可以用一個比喻來解釋如何產生一個小的電流。

在過年期間，中央銀行有的時候發現市面上所流通的現鈔是不夠的，這時候他們就會用一種方法來放鬆銀根，這麼一來，市面上可以流通的鈔票就多一點了，如此可以使大家買年貨等等，可是這會引起一點點價格的上漲，於是中央銀行又要在年關以後採取收緊銀根的作法，用簡單的方法講，只要把利率提高一點，鈔票就會回流到銀行去，市面上的鈔票少一點，價格也就不會再上去了。

從以上的例子可以看出我們一定要有一個叫回饋的機制，如果現鈔不夠，一旦發現了就要設法使它多一點，一旦發現超過，我們就需要想辦法使現鈔少一點，現在我們產生了一個電流，我們也要有一個機制判斷我們的電流是否太高，一旦發現高出我們的要求，我們就設法把它降低，這種機制一再使用就可以得到一個非常小的電流。

在下面我們要介紹如何測量電流的大小，當然我們還是要用以下的公式

$$I=\frac{V}{R}$$

但R是未知數，所以我們要想個辦法將I算出來，請看圖四。

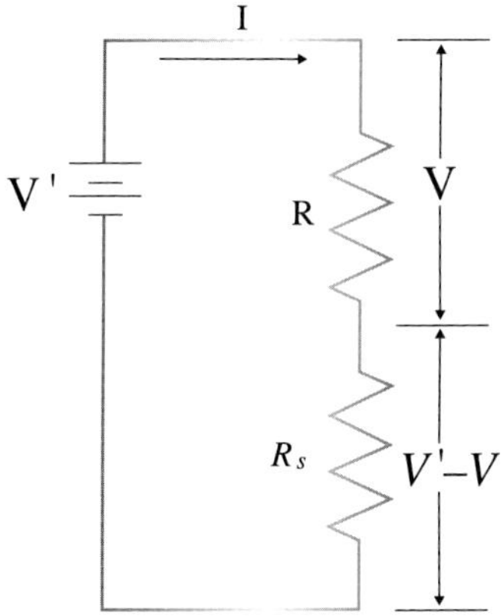


$$I=\frac{V'-V}{R_s}$$

圖四

所謂算電流一定要假設這個電流是在指定的電壓之下的電流，因爲不同的電壓會有不同的電流，現在我們一定要假設我們的電壓是多少，也就是說我們所假設的電壓是V，在這種情況之下我們要去量電流，注意我們不知道R，但是我們可以將R的下面串連一個電阻$R_s$，我們再加一個電壓叫做V'，這個V'究竟該多大並不太重要，重要的是，在R的兩端我們一定要使得這兩端的電壓保持爲V，這個V就是我們一開始就假設的條件，如果眞的如此，我們又知道$R_s$的大小，我們可以很精確地量出V'−V，因此我們可以用以下的公式求出I：

$$I=\frac{V'-V}{R_s}$$

我們應該滿足了，因爲這一個電流就是電阻R在電壓爲V的情況所留的電流，也就是我們所要的結果，大家一定會問，你怎麼能夠保證R的兩端一定是V？這又牽涉到回饋，也就是說如果我們量出R兩端的電壓大於V，就設法使它的兩端電壓降低，如果小於V，就使這兩端的電壓升高，慢慢地就會達到我們所要求的V。

從以上可以看出來，我們的確要知道電路設計是不容易的，回饋是類比電路中間相當重要的觀念，我所知道的這家公司有相當多的類比電路工程師，他們有十幾年的經驗才能夠有這種能力。

可是我們的電路總是裝在一個基座上，這個基座只要有一點點稀微的變形就會造成內部的一種電壓，這個電壓當然是很小的，因爲有了這個電壓，也就會產生一個電流，在一般不講究絕對精密的儀器而言，這個電流是無所謂的，可以忽略，可是我們現在所要測量的電流是非常非常小的，任何這種電流不可以存在，因爲如果這種電流存在，我們所量出來的是因變形而產生的電流。

怎麼辦呢？大家不妨想想看，古時候有些有錢人害怕外面的窮人來干擾他，就建造了一個古堡，而且在古堡外面造了一個護城河，如此一來，外面的騷擾就不影響古堡的內部了，所以我們國家的這個儀器內部的線路周圍是挖空的，如圖

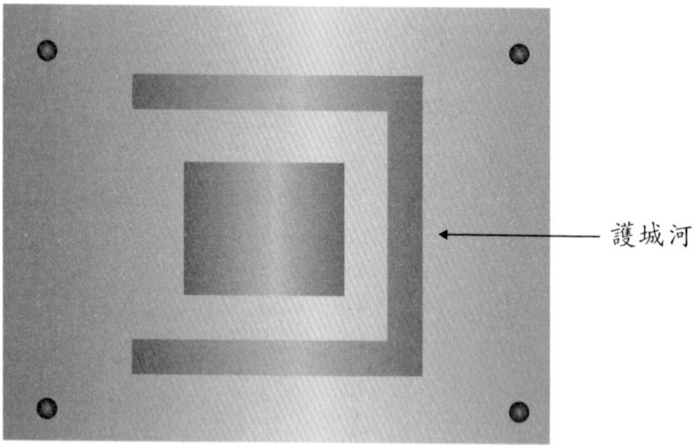


圖五

五，這樣基座的變形就幾乎不會影響到我們的電路了。

還有一點，也是相當重要的，那就是我們的電路當然都有地方要焊接，如果兩點之間的焊接大小等等不完全一樣，這又會產生一個令我們不安的電流，所以我們要絕對的要求，我們電路的所有接點，它們的焊接都完全一樣，這也是最後成功的一個要點。

能夠量測到如此微小的電流，當然不是容易的事，可是這種技術也不是別人能夠學得會的，因爲這裡面還有很多瑣瑣碎碎的其他技術，每一項技術都非常重要，只要有一點差錯就會出問題，爲什麼能夠成功，很簡單，十年磨一劍，我們的工程師知道，他們絕對不能夠借助外來的技術，一定要能夠從最基本的一點一滴搞清楚所有的細節，這種下苦功是要有毅力的，也要有耐心，可是一旦成功了，別人也趕不上了。

博雅文庫 152
# 李家同為台灣加油打氣

作　　者　李家同（92.3）
發 行 人　楊榮川
總 編 輯　王翠華
主　　輯　王正華
責任編輯　金明芬
封面設計　鄭瓊如
插　　畫　小比工作室

出　　版　五南圖書出版股份有限公司
地　　址　106台北市和平東路二段339號4F
電　　話　（02）2705-5066
傳　　真　（02）2709-4875
劃撥帳號　01068953
戶　　名　五南圖書出版股份有限公司
網　　址　http://www.wunan.com.tw
電子郵件　wunan@wunan.com.tw
法律顧問　林勝安律師事務所　林勝安律師
出版日期　2016年3月初版一刷
定　　價　新台幣400元



國家圖書館出版品預行編目資料

李家同為台灣加油打氣／李家同著. -- 初版.
-- 臺北市：五南, 2016.03
面；公分

ISBN 978-957-11-8508-8 (平裝)

1.科技業 2.文集 3.臺灣

484.07　105001243